U0544876

組織行銷
實戰全攻略

王絹閔——著

推薦序

以制度與願景，開啟下一代的創業與領導之路

李禮仲（中華科技大學副校長／財團法人勇健文化藝術基金會董事長）

在當代社會中，「成功」不再只是個人的榮耀標籤，而是能否創造影響力、能否帶領他人一同成長的具體實踐。而在這樣的價值觀變遷中，組織行銷——這個過去曾被誤解的創業模式——正逐漸展現出其制度化、可擴張，並且蘊藏社會連帶意義的深層價值。

王絹閔院長，是這個領域中極具遠見與行動力的實踐者。她不僅長年深耕組織行銷，更將企業經營的智慧應用於社會公益。早在二〇一四年，她即親自遠赴孟加拉，誠懇邀請二〇〇六年諾貝爾和平獎得主穆罕默德．尤努斯博士來台演講，推動社會企業理念在地實踐。她並與志同道合的夥伴共同創辦財團法人台灣尤努斯基金會，開展「一〇八先鋒天使公益計畫」，支持更多社會行動者走向公益創業之路。這些努力清楚展現她所相信的：真正的成功，不是孤身前行，而是引領更多人一同出發。

回到她最專業且投入的組織行銷領域，王院長的貢獻不只是商業成就的展現，更是一種對於創業教育的深刻詮釋。她長年強調，這不只是販售產品的模式，更是一種讓「資源有限、時間有限，甚至信心有限」的人，有機會透過明確制度與持續陪伴，建立屬於自己的創業藍圖的機會。從兼職嘗試起步，逐漸發展成跨國虛擬通路事業，這樣的可能性，正是組織行銷制度帶給一般人的選擇自由與經濟尊嚴。

王院長所創建的「掌握成功管理學院」至今已邁入第二十五年。這不僅是一個堅持不懈的品牌，更是一個陪伴無數人重新定義職涯與自我價值的教育基地。王院長所規劃的系統課程與訓練流程，搭配激勵心靈的語言力量，使許多原本僅抱持嘗試心態的學員，得以轉化成具備收入能力、領導能力與同理心的關鍵人才。他們不僅在組織中成長為引路人，也在家庭與社區中扮演起支持與鼓舞的重要角色。

我曾多次觀察、也親身感受到王院長在傳遞理念時的堅持與熱情。她不僅關心每一位學員的職涯目標，更重視他們能否在過程中建立價值、找到自信。她所設計的訓練體系，有其紀律與架構，更難能可貴的是，能在高度標準化的訓練流程中，保有對個體差異的理解與鼓勵，這正是教育與管理能達到「影響」的最佳交集。

本書集結了王院長二十多年來的教學智慧與實務歷程。本書既是她對產業的深刻剖析，也是一份送給所有「想開始改變」者的行動指南。從制度設計到激勵語言、從策略佈局到價值培育，每一章節都透露出她對人性、對市場、對教育的細膩理解。

書中不談虛幻夢想，而是透過真實案例與可複製的策略，讓讀者理解：創業不必從高資本起步，而可以從有制度、有團隊、有支持的環境中紮根；成功不必孤軍奮戰，而可以在陪伴與共學中累積。

更重要的是，王院長一再提醒我們：組織行銷不只是賺錢的工具，更是一種價值的傳遞方式。它提供平台，讓那些原本被主流職場邊緣化的人，有機會重建自我定義與自我實現的舞台。這一點，在今天追求ESG、追求社會包容的企業與組織策略中，顯得格外前瞻。

誠摯推薦這本書，給所有正在思索轉變的人。本書不只是一本創業教戰手冊，更是一個具備教育意義與社會觀點的經營藍圖。在閱讀的過程中，你會發現：真正值得投入的事業，不只是能帶來收入，更是能帶來自我成長、價值實現與群體連結的事業。而這，正是王絹閔院長始終相信並實踐的信念。

推薦序

組織行銷的無限可能——為每個有夢想的人，開一扇新的窗

蔡慧玲 Philippa（群景國際商務法律事務所所長／財團法人台灣尤努斯基金會董事長）

在這個充滿不確定與變動的時代，許多人正在尋找一條既能實現個人目標、又能幫助他人成功的道路。而組織行銷，正是這條道路上最具潛力、最被低估，同時也最值得重新理解與學習的產業模式。

王絹閔院長正是組織行銷道路上的引路人。她不僅是掌握成功管理學院的創辦人，更是全球組織行銷事業中，從實戰出發、以制度致勝的業界翹楚。年輕時即成為國際組織行銷產業中全球最高收入的經銷商之一，數十年來持續領航，在專業制度、教育培訓與跨國通路拓展上，創下令人敬佩的紀錄。

我與王院長的相識，始於國際扶輪社，也見證她多次將成功不藏私地化為公益力量。二〇一四年，她鍥而不捨、親自前往孟加拉，誠摯邀請二〇〇六年諾貝爾和平獎得主尤努斯博士來台灣演講，並與我一同創辦財團法人台灣尤努斯基金會。我們推動的「一〇八先鋒天使公益計畫」讓更多社會行動者一同支持尤努斯博士的理念在台落實，也正說明她一直相信：真正的成功，不是獨自抵達終點，而是帶領他人一同出發。

回到她最擅長的領域——組織行銷。這不是一種單純的商業模式，而是一種「本小利大、商機無限」的創業思維。它讓許多資源有限、時間有限，甚至信心有限的人，得以在制度設計的協助下，建立一套屬於自己的事業版圖。從微型創業開始，不只是兼職收入的補充，更可能發展成跨國經營的虛擬通路事業。

王絹閔院長創辦的「掌握成功管理學院」，已走過二十五年。這是一個從未中斷耕耘的品牌，也是一個真正改變過數千人命運的教育基地。她所設計的系統化課程、標準化的訓練方法與鼓舞人心的激勵語言，使許多曾經只是兼職試水的學員，逐步走上多元收入與心靈成長的道路。這些人成為組織中的領導者，也成為家庭中的支柱，更成為許多他人人生中的貴人。

本書的誕生，絕非一時興起的出版計畫，而是她多年實戰智慧的結晶。原本這些內容主要僅用於訓練其領導的全球成功團隊，今日首次與商周出版合作於體系外無私公開，不僅是一份專業教材的分享，更是一套關於組織領導、影響與價值創造的思想系統。

這是一份專屬於「想改變人生的人」的藍圖。

在尤努斯博士推動的「三零世界」——零碳排、零失業、零貧窮——的願景之中，我深刻理解，制度創新、價值創造與收入永續，是當今社會最需要的三項結合力量。而組織行銷正好呼應了這三大元素：它是制度化的、它可以創造雙贏甚至多贏的價值，更重要的是，它讓平凡人也能擁有創業機會與選擇權。

事實上，組織行銷的本質，是人的事業。它融合了教育訓練的深度、社群經營的溫度，以及虛擬通路的擴展力。透過專業化的訓練與長期陪伴，不僅可用於打造頂尖的組織領袖，也能廣泛應用在傳統營利企業、品牌經營、非營利組織甚至國際社會型企業的網絡建構上。

如果你正準備啟動一段新的職涯旅程；如果你曾渴望有一份能幫助自己也能幫助他人的事業；如果你希望找到一個不再只靠單打獨鬥的創業平台，那麼，請好好閱讀這本書。

這不只是一本商業書籍，更是一本價值指南。它讓你重新理解「如何建立組織，銷售於無形」，也提醒你「你可以，現在就可以」。而這句話，絕對不是行銷口號，而是千百位組織通路商、家庭主婦、年輕創業者與轉職者們，親身實踐的證明。

願你透過這本書，走進一個從未想像過的可能人生，重新認識一個產業。也願更多人，在看見自己力量的同時，成為點亮世界的一道光。

自序

《組織行銷實戰全攻略》一書，乃集結我三十多年來經營事業教學的心法和教材。其中以「一問一答」的方式來呈現組織行銷的理論與實務並重的內容，用簡明扼要的答案來落實「教」與「做」的功夫。讓接觸組織行銷事業平台的從業人員，獲得專業的知識與經營技巧，並體悟其深層的精義，確立整合的組織行銷運籌方法，得以在二十一世紀的全球化科技資訊時代乘勢而起。

在當前二十一世紀全球化科技資訊的時代，人類的生活方式、思考模式及溝通形態，完全迥異於從前。各行各業為適應這個新世紀劇烈競爭的時空環境，能擁有富裕的物質生活享受，於是專注於經濟利益的追逐，而忽略了道德理性的崇高價值，形成人類智慧退化的心靈危機。在這種情況下，提供正確的心靈學識、人性化的行銷方法、尊重人性尊嚴的行銷理念，來豐富組織行銷的內涵，並彰顯其與眾不同的風格，進而壯闊於全球組織行銷盛景的未來。其中並闡論組織行銷與道德良知結合的精確心念，使從事組織行銷者，了解「組織行銷」好還要更好的理論，俾使體悟、吸收及應用，進而棄世俗的市儈氣息及銅臭味，展現對未來願景的宏觀視野、遠大眼光，以寬廣的心胸、恢宏器宇、專業的服務態度，而贏得社會大眾的認同、肯定及信任。

《組織行銷實戰全攻略》之所以出版，就是為了深入淺出地研析道德良知的心念，即赤子之心的真誠、真義、真美心靈，對於組織行銷的微妙作用，促使自己的企業競爭力與精確心念成正比，使得這種「致富商機」成為二十一世紀新時代的大環境之主流準則，截然不同於專注商業利益的企業經營手法，而是堅持處世之柔婉、待人之忠誠、用人之溫厚的原則；不是以「金錢」為參與組織行銷的唯一目的，乃是考量組織行銷的理想、信念及目標，建立人盡其才、物盡其用、貨物暢其流的通路，創造個人的獨立事業，實現均富社會的遠景，這是市場經貿往來的商人值得參考與運用的價值。

有史以來，凡是在商、政界真正成就偉大事業的非凡人物，其性格大都是心胸開闊、眼光遠大、器宇恢宏、見解卓著的人。這些事業非凡成功者，其心必須擁抱真誠、真愛、真善、真美的精確心念，以「愛真理、愛人類、愛社會」的精神來高瞻遠矚、尊重他人、關懷他人、愛護他人，展現親切、忠實、誠懇「尊重生命」的人格特質及人文素養，服務於人群社會，時時與人為善、處處廣結善緣，建立良好的人際關係。於是在連綿不斷豐厚的人脈中，就能夠以自己的實力加上「借他人之力」，在借力使力因緣際會的情境下，發展出無往不利的人生；即使遭遇艱難困境，也會有許多友人本著情義前來協助化險為夷，絕不致於發生幸災樂禍的現象。因而，利他利己的「我為人人，人人為我」，乃組織行銷精誠心量的真實寫照，也是開創自己屹立不朽基業的唯一要素。

時代在變、潮流在變、環境在變，組織行銷的真誠、真愛、真善、真美的精確心念卻不改變，也無法改變，並作為生活中待人接物、立身處世的原則。尤其在這個新世紀的時代，不僅符合個人及職場對於良好品格的要求，並且是「組織行銷」

最實用的心法。因而，作者以三十幾年的組織行銷經驗，將自我所體悟精確心念用於組織行銷的操作、見解，加以陳述、闡論、引證呈現予讀者，誠摯地期許讀者領會、接近、應用，方是撰寫本書的主要動機。是以，本書並不是要告訴大家這是賺錢發財的寶典，而更要表明這對於從業人員在於廣結善緣和教學相長，並期望每位組織行銷從業人員創造自己的精神價值，讓自己有能力幫助他人，不斷地幫助需要幫助的人，成為「為生民立命」堅持道德情操的人道主義者。

王絹閔 謹識

二〇二五年六月八日

目次

第2篇 剛起步就遇到的挑戰與難關

2-2 時間、人脈、資金都不夠？新手最常見的資源問題 67

2-3 經營卡關、發展停滯？走過低潮與懷疑期 79

第3篇 組織行銷技巧實戰全攻略

3-2 團隊協作與上下游溝通：做對位置、說對話

3-4 實戰推廣方法：邀約↓見面↓締結↓複製 147

3-6 業務黃金法則：實用招數提升成交力 175

第4篇 帶人做事的領導力修練

4-2

4-3 帶領多元團隊：對症下藥、因材施教，打造戰鬥力

第5篇

晉升高手的教育與進修

認識組織行銷的價值與未來

第 1 篇

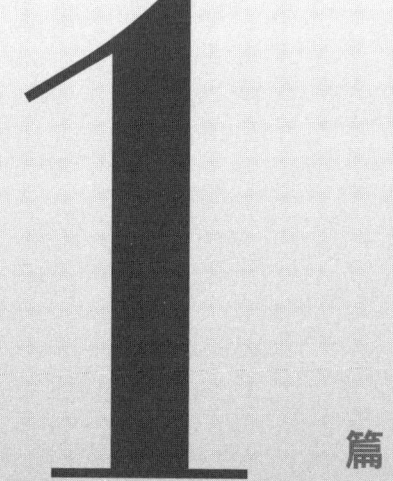

答　第 1 問

組織行銷是什麼？

組織行銷是一種能利己，又同時能利益他人的事業；能實現自己所描繪的希望，同時又能夠幫助他人夢想的實現；能對他人散播溫情，同時帶給自己快樂與自信；能以身作則，誠信待人、關懷別人，進而推己及人促進社會和諧，有助於人類對「世界和平」理想目標的實現。

第2問 答

什麼是組織行銷？

組織行銷是非常正面有效率的經濟活動，所採用的銷售法是許多專家學者所說的：「在二十一世紀是搶佔通路的組織行銷法。」這套組織法是由哈佛大學商學院研發出來，是為了利潤要回饋消費者，一種財富公平分配的經濟理論。在美國稱為「多層次行銷」；在日本稱為「第三類商學」；在台灣，前政大企所長劉水琛博士稱作「倍增市場學」；行銷界則通稱為「組織銷售法」或「逆向行銷法」。

組織銷售法所設計出的利潤，是引用在傳統通路的總經銷商、區域經銷商，以及大、中、小盤商店面所賺取的利潤，加上龐大的廣告費，用一套獎金數學方式，公平的發放給對商品銷售有貢獻的消費者。如此讓消費者轉換為經營者，來分享商品流通所產生的利潤的方式，就是組織行銷。而每一位經營者都是獨立的通路商老闆。

答 第3問

什麼是組織銷售法？

所謂組織銷售法（倍增市場學）的意義，好比你有一份白手起家的工作，不需要大筆資金、不必有高學歷、無需經驗、不用豐厚的人脈、零風險、可兼差或專職、又可實現理想，更重要的是「越成功就越自由」，那時不只是你的財富會倍增，能力也可以倍增、人脈也倍增、又可倍增你的時間。只要有愛心，有責任心，就可以成功。

全世界商業界使用這套利潤回饋消費者的「分銷制度」行銷法已有近百年的歷史，它創造出世界頂富的名人不勝枚舉；他們剛開始就是什麼都不需要大量投資，不必像投資其他行業需要具備許多的條件方能參與從業，而最後的經營結果，經常是：「剛開始什麼都沒有，最後創業成功到什麼都有！」

第4問
答

組織行銷的真諦是什麼？

組織行銷是「倍增市場學」，可合理「實現縮短人生理想」的時間。然而，想成就這個事業，必須秉持「愛與關懷」以及「誠信與堅持」作為事業發展的基礎，方能在人與人之間的互動過程中，建立出紮實的人際通路組織，成功地開創出人本傳善的事業。這樣不僅實現了自己的理想，對社會亦可盡一份「傳遞公益」的良善行為。

答 第5問

組織行銷的未來與遠景？

「組織行銷通路」廣受全球商業界的肯定與採用，它已經是現在及未來熱門的行業之一。組織行銷採取倍增學的原理，讓經營者實現「縮短致富的時間」；讓經濟困頓的參與者有機會「脫離貧困」；讓想要賺錢又希望縮短致富時間者，能加速創造出燦爛圓滿的事業人生。

雖然組織行銷產業幫助了許多經營者能在短短三、四年間，獲得比從事其他行業一、二十年，甚至於一輩子才能獲得的財富還多了許多，然而他們在這幾年所付出的努力與辛勞，所碰到的各種挫折與困難，所承受的壓力及被拒絕的滋味，這種種的辛苦加起來，可能是別人一輩子所遇到的困境與努力的總和。不過，它的果實畢竟是那麼甜美、踏實、豐富，是一種「倒吃甘蔗」的人生法則。所以越來越受現代人的喜愛與參與，成為現代人創業選項的重要指標之一。

答 第6問

組織行銷的文化是什麼？

組織行銷是一種「人對人」以「人」為本的事業，從業者必須懷抱著一份真誠的愛心來經營這份事業，這樣才會用心的去關懷下游廠商與客戶。因為經營者心中有了愛，所以會樂於與好朋友分享美好的事物；能夠包容來自不同的環境、背景、個性的夥伴們；能不吝惜地給予成員關心、鼓勵、讚美、耐心地引導協助他們成長至成功。因此，經銷商在這樣的環境經營之下，一旦自己成功時，內心總是充滿著感激，感恩上級指導、講師及組織成員們一路上對他的協助與教導。

而能懂得感恩上級指導的人，也因而更能贏得下游廠商的尊敬；能懂得感恩下游廠商的領導者，更能讓自己組織內的成員心悅誠服，團結在一起為成功而努力；因為有這樣的「感恩文化」，維持了組織的倫理。組織行銷人若是缺乏了這份感恩的心，組織即缺乏了倫理，沒有這份倫理的組織，就無法發展出和諧互助的文化。

再者，組織缺少了感恩的文化，夥伴彼此之間一但起了衝突，將會是誰也不服誰的局面，使得個人與體系的組織發展都浪費在相互爭執的是非中。這類事件一旦發生，嚴重的話，個人事業與體系組織就會在爭吵中瓦解。

過去的經驗不斷的在證明：懂得感恩的夥伴，就能夠經營出永續發展的事業。因此，「感恩文化」自然而然成為組織行銷的一種精神與榜樣，更是從業者能否把事業經營成功的共同心法。

第7問 答

如何選擇一家優質的組織行銷公司？

簡單而言，首先從業者必須先查明自己所要參與經營的公司，是否已經向公平會報備登記？是不是一家合法申請的公司？

再者，這家公司的制度是否公平、合理？是否正常開發票、誠實報稅？產品是否優質，能否受大眾的喜愛與肯定？能否定期舉辦各項教育訓練和活動？獎金支付是否準時、清楚？以及這家公司成立的歷史、背景、理念、未來遠景等，都是想要從事組織行銷產業者，在尚未投入參與經營之前，必須事先充分了解的。選擇一家可靠且有保障，能與我們一起永續經營的公司，才是發展通路事業真正重要的要素。如果是經營到一家不理想的公司，一旦倒閉，經營者多年努力的心血將完全白費。

答　第8問

從事組織行銷產業到底對不對？

「機會與前途」掌握在自己的手上，任何人都無法替你做決定。你沒有動手去做，一定是不對的。做事業用想的、猶豫不決、顧慮太多，都是「失敗」經常伴隨的因素。

組織行銷產業迷人之處在於：幾乎不需要投資資本就可以創業，即使中途放棄也不會有什麼損失；如果成功了，得到的報償卻是相當得驚人。因此，唯有下定決心去經營，不僅可以自我解答「對不對」的問題，也將會得到「你意想不到」及「想得到」的收穫。

答　第9問

何種個性的人最容易接受組織行銷產業？

誠實、謙虛、有勇氣、有耐心、有責任感、有行動力、喜歡幫助別人、能設身處地為別人著想、心胸懷抱偉大夢想的人，最容易接受深具挑戰意義的事業。擁有這些個性特質的人，亦正是從事組織行銷產業能夠成功的重要關鍵。

相反的，不守信用、喜好說謊、背後說別人壞話、態度傲慢、害怕改變、優柔寡斷、沒朝氣、沒有責任感、容易放棄、沒有夢想的人，這些個性特質，都是很難把事業做成功的因素。

然而，組織行銷是公平、公正的產業，加上人人有機會參與的情況下，經營者雖有上述的缺點，但又想要成功，只要透過組織行銷的教育訓練，改正其錯誤的觀念與心態，一樣可以做好組織行銷的事業。

答 第10問

組織行銷與傳統行業有什麼差別？

組織行銷是從微型企業發展到跨國企業，省掉管銷費及廣告費，而且非常容易經營，代理的產品門檻低，不必擔心需要大成本，不需要業務員，人人都可以代理，消費者及經營者都能得利。而行銷產品的模式主要是靠口碑，現金交易，存貨率低，不受金融危機影響，可以用幾個月時間學習就能賺取很大的利潤。

傳統行業要從小公司做到大企業，經營上非常困難，可能要花很多年的時間去建立，加上好產品的代理金額非常大，也可能不易得到代理權，即使有機會也不一定敢代理，因為營運成本高，需要很多的業務員、需要打廣告，需要大、中、小盤的管銷費，會有應受帳款收不到的問題，也有可能有存貨的問題，最後還不知道能否取得相當利潤。

再者，一般傳統行業，消費者永遠是輸家，供應商得到最大利益。然而，組織行銷不同於一般企業行銷法，在成為消費者的同時也可以成為經營者，能夠消費致富、也可以創業發展自己當老闆。

剛起步就遇到的挑戰與難關

第 2 篇

2-1

親友反對怎麼辦？面對質疑不灰心

第11問

什麼樣的人適合從事組織行銷業？

答

從事組織行銷這份工作，沒有任何條件的限制，並且是每個人都擁有相同的成功機會。它提供了自己當老闆的創業機會；只要努力用心經營它，按照正確的方法去發展自己的組織，即可獲得公正、公平、合理的利潤獎金。

組織行銷成功的關鍵在於「決心」。基本上任何方式都可經營，不同階層、不同類型的經銷商，只要觀念、心態正確，能堅持信念、應用正確的方法，並且不投機，就一定會成功。在我個人的組織體系裡，隨時都可以查證到來自各個階層經營成功的例子，而且例子不勝枚舉，毫無疑問地足以證明任何人都適合從事這個行業。

所以沒有「不適合」的人，只有「不願意」經營的人。

答　第 12 問

我不適合從事組織行銷業？

有一對夫婦，當先生了解組織行銷產業之後，立即著手想要參與經營，然而太太卻說：「那東西很貴！騙人的，一定沒效果！」事實上，這位太太未曾使用過該公司的產品，更無法分辨產品的好壞、優缺，在對公司的背景與未來的經營狀況一點都不了解的情形下，她會這麼說主要的目的，是想阻止先生不要購買以及參與經營。

大部分的人，因為不了解組織行銷產業的真諦，一旦有親友向他推薦這項事業時，他們會以「不適合經營」為由拒絕，也因而失去了這份能讓自己與他人受益的寶貴事業。事實證明，組織行銷產業發展至今，沒有人不適合從事這個行業，只有選錯公司、賣錯產品、營業方法錯誤、跟隨失敗者，以及不用心經營的人，這些才是無法成功的因素。

為什麼有那麼多阿公、阿伯、太太，年輕小伙子們，能把這份事業做的那麼燦爛成功，讓人羨慕？因為，他們能抱持著正確的觀念、心態學習；能以單純的想法接受成功者的教導，而不把簡單的營業步驟與技巧複雜化；能真正落實「倍增複製組織的方法」，來成就這份事業。

答　第13問

家人反對、朋友排斥，怎麼辦？

當然會排斥、反對！試想，如果你的家人一直是上班族，有一天突然告訴你說，他要改行去開餐廳，你聽了之後一定也會反對。反對的理由，是擔心他會因為「外行」而失敗；若是合夥的生意，又擔心他會上當受騙。這樣的出發點其實都是好意，應當心存感激。

同樣的道理，他們不了解組織行銷產業，在不明究理的情況下，本來就該排斥、反對！然而，當他們了解你會從事組織行銷業的原因與理想之後，他們心中的疑慮自然會消除。這時，之前的反對，若只是單純出自於關心，並不是「為了反對而反對」的話，他們不僅不會再排斥，反而將會成為你的組織裡強而有力的下游廠商。

為了讓家人能安心地接受與支持你的選擇，經營者不必急著邀請親朋好友來參與，應該在參與之前，先讓他們了解組織行銷產業的好處，並且依序按照所學的方法，對他們進行產品的分享與事業的推薦，如此方能避免家人及朋友的誤會，也才能將阻力化為助力。

答 第14問

認為組織行銷也是老鼠會，是騙人的

二十一世紀新的時代，若還有人以為「老鼠會」和組織行銷產業有關聯，那表示他對這個行業真的是很不了解，即使他曾經有過接觸，也必然只是站在門外而已。真正的入門者，當他對組織行銷有所了解之後，總是會發現，真相與他所聽來的傳言完全不符。

不可否認的是，任何一種行業都有害群之馬。例如，不肖之徒利用美容院的名義，以「掛羊頭賣狗肉」的方式搞色情，因而影響到正當從業人員的形象。同樣的事件發生在其他行業裡，那些不肖的業者，即是該行業那一鍋粥裡的老鼠屎。

過去會有老鼠會的公司出現，也是因為不肖業者，利用掛羊頭賣狗肉的不正當經營的手法，造成外界的不良印象。這與上述的例子有著相同的道理。所以，從事組織行銷，慎選行業中合法、良好的公司是非常重要的。

雖然，現在的經營者都很聰明，有分辨好壞公司的能力，加上公平會訂定法規來管理市場機能，經營者可區分出哪些是合法公司，哪些則是非法變相違規的老鼠會。如此，真正合法又具有遠景的公司，反而是現代人選擇創業致富，嘗試「縮短成功時間」的大好機會。

答　第15問

家庭與事業無法兼顧

通常，剛進入組織行銷這個產業的經銷商，大部分都還是以「副業」的方式來經營。結果，副業花的時間少，「收獲」卻比辛苦工作的正職還要來的多。為了把握此一難得的良機，於是決心辭去原來的工作，轉而專心發展組織行銷這份事業，並作為終生的志業。這種「由副轉正」的工作捨取，普遍發生在經營者身上，也因而證明了：時間多，不一定會成功；時間少，只要有心做，一樣會成功的道理。

所以，時間多少不重要，重點是要有心，願認真經營。懂得規劃管理自己的時間，即使是一分鐘也是寶貴的，一通電話也能邀約締結成功。相反的，若是不願意做，不懂得應用寶貴的時間，即使給再多的時間，依然也是一種浪費。

答 第16問

邀約後，朋友會抱怨沒有事先說明

組織行銷是以「人」為通路的事業，誰掌握的通路管道越多越廣，誰就能夠把事業做上顛峰。因此，組織行銷是真正用心做人的事業，必須真心誠意待人，不可將朋友之間的友誼建立在利益之上。利用欺騙的手段來經營，早晚會被對方看透的。

「邀約」有邀約的正確方法與步驟，錯誤的邀約方式，當然會造成對方的不悅與不諒解。假如你約了朋友，之前表示要喝咖啡聊天，結果最後變成去聽一場OPP說明會，你的朋友當然會抱怨生氣。當類似的事件發生時，你必須誠懇向朋友說抱歉，爾後，這種錯誤的邀約方式絕對不能再發生。組織行銷講求「誠信與關懷」，不守信用、不誠實，一定不會成功。

註：而「三不談原則」旨在協助朋友完整地了解事業的全貌，並非不說明清楚，所考量的是邀約者的專業能力無法做全盤正確的說明。因此，當邀約者對事業全貌一知半解、只能做部分內容的說明時，則容易使朋友產生錯誤的觀念，這是對朋友不利及不善的作法。

答　第17問

朋友覺得是在賺朋友的錢

你向朋友買水果，朋友是不是也在賺你（朋友）的錢？朋友會有這種想法，他一定是不了解組織行銷的公平與合理性，更不了解推薦者（朋友）是在幫助他賺錢，而不是賺他的錢。

在組織行銷產業裡，每一位經營者都是老闆。上級指導是下游廠商的保薦人，而不是下游廠商的老闆。每一位經營者都是獨立的個體，上級指導絕對無法靠下游廠商（朋友）發財的，並且，上級指導必須負責推動下游廠商來發展組織，也因而才能獲得公司賦予上級指導的輔導獎金。

上級指導是上級指導，自己是自己，誰不認真經營，誰就無法享受成果。組織行銷比起其他行業反而是非常踏實的，一分耕耘、一分收獲，一點都無法投機取巧。再者，你的朋友會有這種錯誤的觀念，已經不只是誤會而已，這樣的想法將會影響你們之間的友誼，你現在不向他解釋清楚，朋友會一輩子認為你曾經要利用他來賺錢。

從事組織行銷的工作，是將「好機會」傳遞給有緣的人，對方是否接受，有時候並不是重點；能讓對方了解你的好意，才是最重要的。俗話說：生意不成仁義在。因此，你一定要向朋友說明清楚，讓他了解你的好意，千萬不能讓誤會傷害彼此之間的情感，此時，維持友誼比請他一起來做事業還顯得更重要。

答 第18問

經營一段時間還是不習慣組織行銷的工作

組織行銷產業最困難之處，在於改變一個人舊有根深柢固的觀念與心態。組織內的成員來自各個不同的階層，不同的環境、背景、個性，各自累積了數十年的生活習慣，想要在短時間內改變他們，當然不是一件很容易的事。剛入行者，一下子要他們的心態從傳統行業轉換到組織行銷產業，會適應不良是正常的，然而想要成功就必須勇於改變。

事實上，每一種工作還不都是從陌生、不習慣，到順手順心。要克服事業不受「舊習性」的影響，最好的方法還是「習慣」。以新事業的觀念、心態建立新事業的習性，舊有的習慣自然不會再存在了。

選擇事業，若選擇自己已經習慣的工作，那是不正確的觀念；相較一位成功者，他能不斷地迎接新的挑戰，這兩種人的態度完全截然不同。所以，能以正確心態養成新的成功習慣，過去阻礙事業發展的舊習自然會被消除，並且，只要按照新事業的習慣堅持下去，最後必定會成功實現理想。

2-2

時間、人脈、資金都不夠？新手最常見的資源問題

第19問　推薦時怕被拒絕，被拒絕後就有放棄的念頭

答

「尚未推薦即害怕被拒絕」是一種心理上的障礙，那會使行動力無法發揮出來，亦即所謂的「未戰先敗」。首先，我們要先肯定推薦的目的是否極具意義，如果是推薦一種能讓客戶獲得利益的事，又有何懼呢？

讓客戶了解你所推薦的事業是千載難逢的好機會，這一點說明是非常重要的，至於對方能否接受，多少是需要一點因緣來輔助實現。因此，不要給自己有一定要推薦成功的壓力，但要有一定可以推薦成功的信心。

推薦過程要自然、無懼，把自己當成「傳遞好機會」的使者，以「好東西與好朋友分享」的態度來推薦，無論對方接受與否，盡到自己推薦的責任就可以了。

答　第20問

懷疑成功者所言

成功者所說的話必須要有根據，絕對不能以誇大不實的謊言來誤導組織內的經營者，否則，傷害的還是自己本身與個人組織往後的發展。

查證成功者所言是否屬實，有時亦有其必要性，而且查證上也不困難。除此之外，能「親身體驗」成功者所傳授給你的方法，並且確實地依照他所說的去經營，如此，他的話是不是謊言，只有自己的親身經歷和驗證最為清楚。

「懷疑成功者所言」與「懷疑產品」的功能，兩者的道理是相同的。只要透過親身體驗付諸行動，所有讓你懷疑的事情都會因你的行動而獲得解答，不是嗎？只有達到全然的相信，做起事來才有力量！

答　第21問

上班族難轉換成企業家 Boss 的心態

世界在快速地改變，企業競爭沒有一刻停止，想要生存就要精準掌握改變的契機，並且要隨著不斷地求新、求進步。如果一個人沉迷於過去的成就，並且墨守成規，都注定會被時代潮流所淘汰。

組織行銷的經營者，每個人的身份都是老闆，大部分的經營者剛開始都是兼差的上班族，而從上班族轉換到自己當老闆的心態，是一種對自己的事業人生負責任的開始。千萬不要害怕這個必要的改變，這是邁向成功之路應建立的正確心態，轉換了角色互換的心態，行為自然就會跟上。

切記！上班族與自己當老闆的格局是不同的，做大事業的老闆若抱持著上班族的想法，事業怎麼可能會做得大呢？第一次當老闆就是靠信心與心量的大小來決定事業的成就，而習慣了自己當老闆之後，才更有經驗做好一位成功的老闆。

答 第22問

只會賣，不懂得組織發展

「只銷售不發展組織」，如此，當周遭可以提供銷售的對象完全殆盡的時候，就會發現這樣發展事業的作法，未能發揮組織行銷法的倍增效益，更無法縮短事業成功的時間。

再者，若是「只發展組織而不推薦和分享」，一味地依靠下游廠商做出業績的經營法，不僅自己的收入不穩定，更會使自己的組織和業績空洞化。

因此，「只銷售不發展組織」或是「只發展組織而不推薦和分享」，兩者都無法達成永續經營的目標。正確的組織銷售發展法，是將產品傳給需要者之後，透過需要者不斷找尋認同這項行業的經營者，並且能全心全意投入經營，這樣才能夠建立紮實的銷售網以及穩固的組織體系，最後踏踏實實地成就一番事業。

答 第23問

口才不好也可以成功嗎？

選擇一家有遠景、有未來、有優良產品、講求誠信、肯負責任、制度又健全的公司，乃經營者能不能做好事業的關鍵，亦是經營者「選擇」在那家公司發展的重要條件。因為，優質的產品不需要我們的口才去說服客戶相信，產品自己會幫你說話，它會表現出自己的優點與客戶的需要，自然能贏得使用者的青睞。

如果產品不優良，再好的口才也只能欺騙消費者一次，更談不上事業永續的經營。所以，從事組織行銷的工作，在符合上述的前提之下，經營者不需要辯才無礙的口才。相反地，人們會因為從事這個行業，而讓自己的表達能力提升，同時養成良好的禮儀習慣，學得謙恭待人的處事之道。

答 第24問

沒有資金

從事組織行銷產業，不必投資大筆的經費來設立公司以及買貨囤積。如果只是當一位單純的消費者，即以會員的身份購買所需要的使用量即可；如果想成為一位經營者，可透過教育訓練的學習來增進自己的專業能力，再加上用心積極的經營，則初期所得的銷售獎金即可作為周轉金，尚且綽綽有餘。如此，首次所得的獎金可視為初期投資事業的小額創業金，而當營運順利進入到組織發展期，那時的周轉金將更為充裕，資金上的問題就不存在了。所以，組織行銷沒有「資金」的困擾，只有願不願意「用心」的問題。

答 第25問

沒有人脈

每個人都有父母、親人、朋友、同事、同學，差別在於多或少而已。這些親朋好友中，只要有一、二位能先與你一起作為事業的開始，不只是你會成功，你的親友也一樣會因為你的推薦，而獲得成功的機會。

事實上，當你了解組織行銷倍增學的力量之後，你就會認同組織法所發揮出的驚人效益，它根本不需要依賴大量的人脈，即可達到短時間成功致富的效果。而其整體業務經營的重點，完全在於如何善用「倍增學」來獲取最佳的利益，因而人脈越廣者，並不表示他越容易成功。

再者，組織行銷不僅不需要依靠大量的人脈來經營，反而會因為從事這個工作而讓你的人脈倍增，這也是為什麼會有那麼多來自其他行業的大老闆們，非常樂意進入到組織行銷領域來廣結善緣，因為他們了解人脈是通路、是財富，可從這個產業再認識更多的新朋友來發展自己的本業，使得「本業」與「組織行銷產業」兩者在相輔相成之下，都能夠同時發展成功。

答 第26問

沒有時間

這也是藉口之一。其實是不願意，而不是沒有時間。試想，大部分的經營者，剛開始都以「副業」兼差的方式來經營，而且能夠和本業兼顧。結果，兩種事業又都能同時獲得成就，證明了這句話：「很忙的人擁有很多時間，懶惰的人時間花在懶惰上。」

事實上，大部分以副業參與行銷工作的夥伴們，在營運一段時間之後，便肯定組織行銷真的能幫助他們加快理想的實現，那時即毅然決然離開原先所從事的工作（本業），而全心全意繼續投入組織行銷產業，最後終於讓他們成功掌握了此次「改變命運」的機會。

答　第27問

沒有經驗

提供給完全無經驗者的創業機會，是組織行銷產業的特性之一；與其他的行業比較之下，更是一種競爭優勢。因而想從事這門行業者，根本不需要擔心是否具備這方面的經驗。每一位經營者都是以「新人的身份」開始學習起，若是想依靠過去在傳統行業的經驗來經營這份事業，反而要成功是非常困難的。畢竟「隔行如隔山」，還是必須要透過教育訓練，重新學習該行的專業技能，方能做好這份組織性的事業。這也是為什麼從事組織行銷這項產業，沒有年齡上的限制，不分男女、不論身份高低都可以勝任的道理，並且能夠在短時間內獲得相當的成就，其重點就是不在於「經驗」，而是在於經營者是否能真正落實組織行銷產業所強調的正確觀念與心態。

百年的組織行銷經驗研究證明，經營者能否經營成功的主要關鍵，不在於從業之前有沒有組織行銷的經驗，而是取決於自己的「觀念與心態」是否正確。

2-3

經營卡關、發展停滯？走過低潮與懷疑期

第28問　答

不確定自己是否能成功，一直在觀望下不了決心

對一件正在執行的事情產生懷疑，這件事情就不會有讓人滿意的進度。經營組織行銷產業也不外乎這個道理，而且也是大多數經營者無法成功的主要因素之一。

因為不相信，或者半信半疑者，經常是一邊經營、一邊想像，一但碰到了挫折，態度就會更加猶豫，把時間都浪費在觀望、懷疑的問題上，到最後還是一事無成。

夥伴既然已經深信組織行銷未來的發展前途是光明的，就不應該再徬徨與猶豫，再多的想法絕對比不上一個具體的行動。「不相信」永遠會坐著懷疑，「相信」會著手進行，這是可以立即由自己來證明的見證。

答　第29問

發展慢，感受不到未來的願景

成功不是用感受的，必須付諸行動方能知曉自己距離成功還有多遠。許多成員的確是有心想做好事業，然而經營的並不出色，經驗告訴我們有三個基本原因：

經營者不想改變舊思維，不願意將過去在傳統行業養成的習性與思考模式，確實地調整轉換到組織行銷的經營模式裡，無形中強烈的主觀意識就會抗拒改變，因而無法以空白心來學習，等到受到挫折之後，才認知「隔行如隔山」的道理。

經營者知道自己必須改變，但因舊習深厚的關係而改變的太慢，造成下游廠商也和他一樣有著同樣改變太慢的問題，導致與他相關的成員相繼陣亡。然而改變太慢的原因，在於平常未積極參與聚會，學習密度不足的情況，當然無法支撐事業發展所需要的能量。

一再用自己的方法經營，或者用錯了方法而不自知，回過頭來想重新開始，卻又自認為已力不從心，只好自己放棄了自己。

表面上是在經營，事實上一直不相信會成功，心態猶豫不決，只要聽到負面的消息，內心就更加徬徨，即使經營一、二年，結果還是因心態充滿懷疑造成事業依舊原地踏步。

如果所做的營業動作都對，便能產生出倍增的效應，自然就不會出現此種「感受不到未來」的情緒了！

第30問 答

遇到挫折就想放棄

「遇到挫折時就想放棄」。從事任何一種行業都會面臨同樣的問題，而這時也唯有「堅持信念」的力量，才能化解「放棄」的念頭。

有許多夥伴，都是因為「堅持力」不足，還沒堅持到客戶接受產品時，就被對方的態度打敗了；尚未進入組織行銷的大門，就自認為自己不適合而退出；或者，發展到關鍵階段又適逢挫折，就在不夠堅持下放棄了。歸咎原因，大都是自信心不足、努力不夠、方法不對，造成無法堅持下去的結果，其實並沒有存在著什麼「經營不下去」的大問題。

經營者有了此念頭，最好再加強NDO課程，重新再探索一次，再次肯定這確實是一個完美的事業體。遇挫折者，只要想想當初進入組織行銷產業的理想是什麼，它有沒有隨著時間而改變呢？如果一直都沒有改變，努力的方向目標也依然是正確能實現的，難道就因為一點點挫折，即放棄原來的理想嗎？如果不是，回頭找出挫折的原因，解決這個問題，挫折自然不會再存在。

「堅持」是從事任何行業能否成功的關鍵力量之一，為了享受美好的果實，撐久一點是必要的。沒有堅持，哪來的到達終點。

答 第31問

經常煩惱問題的解決

組織行銷是經營「人」的事業，以人為本的行銷方式，體系的成員越多、組織越龐大，其經營的複雜性也自然變得越高。經營者有百百種，個性、學習力、耐心皆不同，即使組織能夠提供各種不同的方法，來幫助他們成就事業，也必須經過「身體力行」之後，才能夠從經驗法則中領悟、熟練出技巧來應對業務上所遇到的問題。

「懂得多少」是一回事，「做了多少」才會有真正的成果。當我們在思索經營上的困難時，如果矛頭指向別人，那很難找出問題的答案，因為問題的關鍵經常是發生在自己的身上而且往往只要改變一個想法，一念之間，頓時事業又是海闊天空，所有的困難在「自信與溝通」下迎刃而解。

如果問題不在於自己，也不要自己去煩惱它，讓上級指導、領導一起來解決問題，這樣的作法既省時又有效率，並且避免同樣的問題一再發生。

答 第32問

朋友一旦面露難色，夥伴們之後的跟進就會怕怕的

凡是有心想創業的人，會認真的去了解、思考該行業的未來性與願景，一旦決定參與了，將會謹慎小心地面對新事業的各種挑戰。因此，你的朋友對於你所推薦的事業，尚未完全了解之前，當然會猶豫、會保守應對。而你必須在他跟進新客戶之前，就應該將「完成新事業的理想」與「如何開始經營的步驟」，做詳細的說明。

對於一些容易使人誤解的作法、使人會判斷錯誤的說法，都應該在夥伴跟進客戶之前告知，否則朋友的疑慮會阻礙雙方事業的發展。即使是遇到一位很想好好拼事業的下游，也會因為你的跟進動作不切實，而搞得不戰而敗。

如果你能夠確實按照正確的經營步驟去經營，不僅執行起來不會怕怕的，之後的跟進反而會更加自信，有勇氣去面對各種問題。

答 第33問

以前做過這個行業，現在不想再去接觸

商業的競爭一刻也未曾停留，企業一直在改變行銷方式，希望找到最有效率的銷售手法。經過長久時間的考驗與證明，組織行銷法已受到企業界的肯定，將會是二十一世紀被企業廣泛採用、一種既有效率又能節省成本的銷售法；以及能夠為社會大眾提供更多的創業與就業機會，是一項能利益經營者又能公益社會的行銷方法。

以前曾經參與過組織行銷的工作，那是一種可喜的因緣，而現在不想再接觸了，就我個人對這個問題的了解，無非與他曾參與的公司之規格、產品、制度、文化、背景、遠景有關，進而造成從業人員無心經營的困境，最終選擇放棄這個美好的行業。

或者，經營者「選對了」公司與產品，卻因為上級指導輔導不力，或在組織裡與成員發生不愉快的事件等諸多因素，而放棄了這項事業的經營。

如果你已認到知組織行銷產業是有前途的，就應該堅持到底，可以重新選擇一家優質的公司來經營；選擇有責任、有誠信的上級指導來合作事業，千萬不要輕言放棄，因為「對的」事業遇到困難時，應該只有克服的想法，絕對沒有放棄的念頭。

因此，重新來過，再給自己一次機會，不會損失什麼的！或許，這次的參與將真正改變了人生。

答 第34問

怕被別人嘲笑在從事組織行銷的工作

這是不了解組織行銷真正意義的人，所產生的不正確觀念與心態。這個問題可參考其他相關問題的解說，如此，錯誤的心態就能夠改正過來。

做事業會有「怕被別人笑」的想法，都是觀念偏差所致。以前「挽臉」的工作都是女性從之，現在已有男性投入這項工作，你會投以異樣的眼光嘲笑他們嗎？他有什麼被笑的理由嗎？只要是正當的行業，做什麼都好，肯學、肯做，學會了都是自己的，學習如何做好組織行銷的道理也相同。

學得一項專長，多一份養活自己的能力，沒有笑不笑的問題，問問取笑的人到底是哪裡好笑，事實上他也說不出原因來，難道那些大企業運用組織行銷法，將商品迅速推廣出去，他也要嘲笑這些頂頂有名的企業大老闆嗎？難道你所選擇的事業，還要他「不笑」才能做嗎？你的事業成功之後，他們還會笑你嗎？

一個人的事業成功與否，絕對與笑的人無關，因為自己的事業要自己負責，包括笑你的人也是一樣，他在自己的工作崗位上，做的若不是很如意，你也不可以笑他，因為他的人生是他自己要負責的。

第35問 答

做了一陣子，月收入不像台上成功者所說的那麼高

一家大型企業的員工，多則上萬人，少則也有千百人，其待遇薪資高低，依階層不同會有所差距。位階高的職員領得多，那是因為他們在該行業資歷深、經驗足、努力工作，深受公司的肯定與賞識，所以能享有高薪的待遇。

組織行銷是自己當老闆的事業，要領多少是要看自己努力多少。因此，個人的月收入是用來對自己的一種期許與奮鬥的目標。什麼時候想要領多少呢？皆可靠自己去努力實現。你與成功者的收入取得，一點都無法投機取巧。想要獲取高收入，就必須按照所學的方法，確實朝著自己所訂定的目標去執行，一切的希望與理想才能實現。

現。

自己的東西要自己去爭取，自己的事業要自己去開創，自己的願景要自己去實現。

基本上，獎金的電腦程式都一樣，成功者領得到高額獎金，你自然也領得到。

答 第36問

哪一種人從事組織行銷一定會成功？

不是「哪一種」人一定會成功，是「怎麼做」才會成功。事實上，不管任何星座，哪種血型，各行各業來從事組織行銷的人，都有相當多的成功案例。因此，只要按照學、做、教、傳正確的方法與步驟，不斷地學習，認真經營、誠信待人、堅持到底、每會必到，必定能成功。

答　第37問

沒有銷售經驗又不會賣東西，也能成功嗎？

人與人之間能否長久友善的相處，「真誠與信任」才是雙方的互動基礎。銷售產品與做人的道理是一樣的，賣的人若是不願意親身試用產品，又怎麼會知道產品的好處？又如何去說服別人使用呢？縱使舌燦蓮花也只能夠欺騙別人一次。也唯有親身體驗產品，把美好的經驗及它的優越分享給客戶了解，讓客戶知道自己「需要」產品而樂意購買它，而不是靠個人的口才說服客戶購買。以「說服」這樣的作法，就不是靠著組織行銷的經驗，而是依靠個人的誠信與體驗來經營事業。

任何生意一定是要有銷售才會有利潤，組織行銷也不例外，不同之處在於組織行銷的「銷」，一定要經過「己所不欲，勿施於人」的考驗，將優質產品以「呷好到相報」的口碑方式傳售，絕對不同於那種挨家挨戶的推銷法。所以，「沒經驗、不會賣」都不是從事組織行銷不會成功的主要原因。

正統的組織行銷公司，是「努力的人先賺到錢」，不是「先進來的人先賺到錢」，許多早一點進來的經營者，因為不認真經營導致半途而廢，不都是無法賺到錢嗎？因此，從事組織行銷產業會成功的人，還是取決於是否抱持著正確的觀念與心態，以及自己努力的程度，與「沒有銷售經驗」的說法無關。

答 第38問

真的是每會必到，必定成功嗎？

知識經濟的時代，想要做好大事業，必須不斷地透過「學習」來吸收專業的知識與經驗。在我個人的體系內長期安排了許多的聚會與訓練課程，一方面提供專業資訊給與會成員，一方面讓成員們彼此之間的經驗做交流，俾使每位成員都能夠吸收眾人的經驗智慧，化知識與別人的經驗為自己的力量，當然是每會必到、必定會成功。事實上，根據現狀，有會必到的成員，都是當時成功的經營者了。

因此，你必須善加運用組織的聚會，而且還要要求下游廠商每會必到，尤其是新人，因為懂得還不是很多，所以一上台也不知道要說什麼，只要多聚會、多學習，多聽幾回別人成功的經驗，當自己上台時自然就會講，表達能力無形中也跟著進步。如同背書一樣，剛開始只能記憶幾個字，多背幾回，自然就能夠琅琅上口背好一段課文。

如此積極與會之後，不間斷地累積別人的知識與經驗，自己學會做事業，並且又不會犯錯，這都是參加一次次聚會所學習下來的成果。

答　第39問

已經失敗兩次，這次實在是沒有信心

「承受失敗」的能力與「堅持成功」的毅力，是從事組織行銷能否成功的最強烈力量。失敗是進步的力量，它的價值在累積成功的經驗；而知道失敗的原因又比承受失敗的能力來得重要一些，否則會繼續重蹈覆轍不停地失敗。

從事組織行銷產業有一個特殊的好處，那就是失敗了不會造成負債與心理負擔，不會發生家庭悲劇造成社會問題，不像傳統行業若投資過頭經營失敗，立即會有傾家蕩產的風險。

做事業最壞結果就是失敗，失敗對組織行銷而言並不足掛齒，隨時都可以重新開始，而且不會有什麼損失，所以也可以說不會失敗，只是尚未成功。因此，最壞的結果你已經接受過了，日後的成果只有好不會再壞，因而你比別人更有成功的機會，只要堅持信念，前面兩次失敗的經驗，將成為第三次經營成功的力量，若是放棄了這一次，則前面兩次的失敗就顯得毫無意義了。

2-4

特殊情況應對：搞定疑慮與困局，不再被情緒牽著走

第40問 朋友想了解產品，但卻害怕會被締結

答

這是正常的心態！雖然只是單純想了解產品的說法，但一般人通常在不了解狀況之前，一聽到「賣東西」就會害怕被推銷、被騙、被締結。因此，必須以誠信的態度，將朋友的「心防」打開，讓朋友明白你的動機不是在賣產品，而是在關心他

的需要。況且，組織行銷本來就不是在銷售產品。當朋友了解產品對他有益之後，自然會接受你的分享，進而一起發展事業。

答 第41問

已經有開公司的夥伴，要如何發動經營？

詳細說明組織行銷與他現在所經營的公司性質有別，以及將兩種事業未來的前景差異做個比較。若是兩個事業同時發展，也不會影響他原本的事業榮景，當然就不必捨其一了。更重要的是，要讓他了解組織行銷與從事其他傳統行業的意義最大不同之處在哪裡？能帶給他的利益是什麼？對他的生活有什麼重大的改變？能帶給他和親朋好友身心靈的健康與倍增財富管道的建立，同時又能夠實現個人的願景，那時他發動的力量將會更加的積極。

答 第42問

等你成功了再來找我

這就是一般人和有成就者的想法最大不同之處，富有者和窮人的差別就在這裡！對某些行業來說，其實機會是平等的，就像經營組織行銷事業，每個人成功的機會都是一樣的。當機會來時，態度、想法正面的人，他會積極去了解，小心求證是不是真的是如分享者所說的好機會。如果不是，他並沒有損失，也得到另一種知識與經驗。如果是個良好機會，並把握機會去做，成功後，別人想跟上不僅是慢了，所要花的時間和努力會比原來成功所需的條件更要加倍付出，得到的成果也可能不如預期，因為大家都在做了。所以，為什麼老闆只有一個，而上班族總是那麼多，就是因為「等你成功了再來找我」的想法差異，所造成不同的人生命運！

答 第43問

自己未使用產品或一直沒用出見證，但有蒐集他人見證，還是可以推薦分享嗎？

自己未使用過的產品，沒有親身體驗的見證，分享時自然會心虛沒自信，當然更無法讓下游廠商去複製自己的作法。如果自己使用高價位的產品，並且有了滿意的效果，當在進行分享時會充滿力量與自信，而且向客戶所推薦的產品，會是介紹自己所使用的高價位產品，不會介紹自己沒用過的產品，即使是價位低的百元產品，因為推薦自己使用過的產品才會有信心。並且不宜推薦自己沒用過的產品，否則只會自相矛盾。

答 第44問

朋友同時在經營很多家組織通路公司，是否可以邀約他？

可以！不過，如果是領袖級的經營者（真正的市場領袖，不會同時經營多家公司），可能會有一些困擾，每家公司都有自己規定的政策，若違反規定會被停權處分。

再者，一個人經營多家公司，不僅會影響個人的誠信與成就，不利事業的發展，建議盡量將心力花在一家未來有前途的公司上。對於發展有限的公司，千萬不能因為在這家公司做久了，或既得利益而不願放棄，這樣對自己的未來將缺乏前瞻性，同時影響後面跟進者的前途。

答　第45問

聽一次就覺得會了

「覺得」和「成功」差非常的遠；「聽懂」和「會做」以及「做對」是不同的。組織行銷「學」重要，「做、教」更重要，還要熟練作業，做出成績才叫會做，但還不是會「教人做」。多上課、多聽人家的經驗，總比自己受挫折後再改進來得好。因此，聽一次的效果絕對有限。組織行銷是學無止境、成就無限的事業，即使是已經事業有成者，依然是學不厭倦，把「學習」當成人生最重要的一件大事。

答 第46問

客戶要救到什麼時候才放棄？

基本上，對組織行銷而言，沒有所謂「放棄」的問題，而是客戶是否理解什麼是組織行銷？組織行銷的意義是什麼？若是不了解，當然就沒有放棄的問題，就好像沒用產品，怎麼知道產品對他有沒有幫助？沒有試著經營，怎麼知道會不會成功？因此，還沒有使用過產品、沒正式經營，都是屬於有效名單。至於已經在進行輔導的客戶，更不需要有「放棄他」的困擾，要不要繼續經營要由他自己決定。譬如，產品很好就沒有不用的道理，如果是經營上遇到挫折，請領導協助解決就可以。如果是因個人情緒、個性、私事所引起的問題，需要一些時間來沈澱、改變，那只要保持對他的關懷，適時給予協助即可。而另一方面應先去跟進其他需要輔導的夥伴，這樣才不會耽誤自己的作業時間。

答 第47問

不會FORM

FORM乃聊天的主要內容，透過話題了解客戶的生活狀況與需求，進而引導客戶創造機會。FORM，這個部分作業上並沒有什麼困難，上課會教，而且任何人都會，因為和平常聊天時一樣。因此，應該不是不會FORM，而是如何在聊天中自然而然將話題打開，或者以簡單幾句話即可達到邀約的目的。不論是怎麼樣的聊法，多上課、聽聽別人的經驗，自然心會神領。

答 第48問

朋友覺得和自己人生規劃不同，不願意來賺錢

應該是朋友拒絕你的一種理由！健康、財富、夢想、人際關係，是每個人人生規劃的基本要素。沒有健康的身體、能夠給予溫飽的經濟能力、缺乏朋友的關心與協助，則人生的夢想計畫不是實現緩慢就是很難實現。而參與組織行銷，不論是為單純的消費者或想成為經營者，都與健康、財富、人際、夢想有關，而且動機是很單純的。因此，你的說法可能讓你的朋友感覺複雜，不能理解它的單純性，他不僅可以擁有健康，也可以創造財富，也可以選擇未來夢想實現，並且不影響原本的生活與個人的規劃，有利而無弊。所以，能知道朋友的真實內心的問題與需要，他就會來賺錢，因為參與組織行銷不會損失什麼，只會學到和得到。

答　第49問

景氣不好時從事這個行業好嗎？

組織行銷是一個充滿無限魅力與實現理想的行業，每年從事這個行業的人口不斷地增加，形成一股無法抵擋的潮流，已是現在與未來的熱門行業之一。我們回顧過去幾十年的景氣循環，越是不景氣、百業蕭條的時期，組織行銷事業反而不受影響，並且成長快速，這道理很簡單，因為它提供了不需要投資大量資金的創業機會，即使中途停止經營也沒有什麼損失的優點。

前人種樹，後人乘涼，現今組織行銷產業更加蓬勃發展，後進想要在這個行業成功更是容易。景氣好時，順勢經營毫不費力；逢不景氣時，更能在市場逆勢中，經營出一番燦爛的事業。

第50問 答

「堅持信念」就一定會成功嗎？

成就事業最大的力量不是公司、產品、制度、上級指導，而是人的「心量」。儒家說，想要平天下，必須先治理好國家；想要治國，又必須要先把自己的家治理好；而要齊家，又必須先把自己管理好；想要管理好自己，那就必須要先以身作則，將自己的「內心」調柔好。

再者，佛家講的業力法則，關係著我們個人生命的品質與生死的狀況，其業力分成身體的行為、語言，以及心念，三者中又以「心念」影響為主要的業力。

由此可知，心念的力量是無窮大的，一個人經營事業如果沒有理想與信念，就不知道該朝哪個方向前進；而懷抱理想與信念者，只要能堅持到底，心的力量即能發揮出來成就一切。

組織行銷技巧
實戰全攻略

第 3 篇

3-1 新手起步必學：複製法則與借力使力的訣竅

答 第51問

為什麼組織行銷特別講求「複製」的方法？

「複製」是讓力量無限快速倍增的方法。正確的複製，能不斷地培養出實際的動線，所有的動線再以正確的方法複製出相同的動線，如此所發揮出的倍增效益就越大，發展的速度自然越迅速，成功當然能夠很快的到達。

相反的，錯誤的複製，也會在倍增的效力之下，使組織迅速瓦解崩盤。複製能讓組織快速發展，但複製的內容、方法絕對要正確，要簡單、易懂、易做。簡單的動作重複做，時間久了，就會成為一種正確的營業習慣，一種自然有效的發動力量；簡單的話不斷地重複說，習慣了，就會對客戶產生影響力。

什麼才是正確的複製內容與方法呢？當然是依照成功者的經驗法則，透過成功者的傳授指導，按照學、做、教、傳正確的步驟，來完成這個既簡單又重要的複製動作。

答 第52問 如何「借力使力」經營起來不費力

以一個人獨自作戰的經營方式，應用在組織行銷產業是不會成功的，而懂得採取「借力使力」才是聰明者的作法。並且，也唯有應用借力使力，成功才能不費力。

不懂得組織行銷法的經營者，單靠個人的力量，以一個教一個的方式來經營，最後還是不會有多大的成效，成果必然辛苦且有限，遇到了瓶頸就更難發展下去。

懂得組織行銷經營法的人，會透過上級指導的力量，透過有系統的教育訓練和團隊聚會的感染力，來協助他們自己的事業迅速成長；會懂得應用借力使力的功能，以組織帶組織的方式，真正地落實「時間與效果」倍增的精髓。

因此，經營者要多與成員溝通，要有長期參與會場的觀念與習慣。一個人帶組織，絕對不可能比組織帶組織來的有效率。

答 第53問

做了一陣子，還是開不出線來

統一超商分店的點，若是一直開不出來，就沒有現在連鎖店的成果。每一位經營者如同統一超商的總部，對於所屬連鎖店的「點」開發的越多，越容易成功。

如果是這樣，便要重新檢視自己的營業方針，特別是專業知識，如：深知紅利由何而來？為何並非賺朋友的錢？營業步驟以及從邀約到完成簽約當中之講法，都要合乎正確的營業流程，才能順利地開出線來！

3-2 團隊協作與上下游溝通：做對位置、說對話

第 54 問 與下游廠商的意見不和，該如何處理？

答

不同的年齡、背景、學歷、個性的人，都能夠擁有同樣的成功機會，這是組織行銷產業最大的特性。因此，上級指導、下游廠商雙方互動時，隨著個性的不同，處理方式自然也不一樣。身為上級指導在帶線的過程中，就要深知下游廠商會有許

多不同的想法與意見，與他們溝通理應保持客觀的態度，用心聆聽他們的想法，並且務必以開放的心胸，容忍彼此之間不同的意見，如此組織才會因不同的意見，激發出更多有益於經營的想法與創意，俾使大家的事業做的更加順利、倍增效益。

下游廠商應感恩上級指導對其事業的輔導與關心，上級指導要以同理心對待下游廠商，大家不只是要賺到錢，更要賺到珍貴的友誼，組織行銷產業的基礎意義莫過於此。

而關於經營的問題，仍應遵從專業的作法。無論是經營上或其他問題，都可邀請較資深之上級指導來輔導。別忘了，「借力使力不費力」永遠是組織行銷產業一個重要的概念與操作方式。

答 第55問

下游廠商依賴心太重，凡事都要依靠上級指導處理

經營者千萬不要忘記自己從入門到現在，已經經過那麼長的時間與磨練，才有了今日的能力，想必當初你的上級指導也和你現在的想法一樣，希望你能夠趕快成長變成老鷹、能立即獨立運作整個組織體系，希望自己所有的下游廠商都能夠進步神速，可以獨當一面。

我們必須將心比心，不可操之過急，應該用心教導成員，讓他們的功夫變得紮實最為重要，一旦組織碰到逆境時，才能夠挺的過去。下游廠商在表達意見時，上級指導要耐心聆聽，一方面能知道問題所在，一方面增進彼此間的情感，事業的信心就會在良性互動下建立起來。

答 第56問

下游廠商不願意聽從上級指導的指導，自以為是，自行一套行銷風格

「成功的經營模式」是組織行銷界先進們所累積出的經驗法則，新進人員依循前人的法則經驗，按部就班，踏踏實實的去經營，事業將會做得輕鬆且能減少挫折。最後，並能累積出屬於自己更可貴的經驗，讓自己的成就「青出於藍，而更勝於藍」。

如果下游廠商執意依自己的方法經營，或許也是有成功的機會，不過按照過去的經驗統計，反而會產生過多不應該發生的挫折，造成個人及所屬下游廠商提早陣亡的命運。

因此，確實跟隨成功者的腳步，按照他們的心法，輕鬆的去經營，那才是聰明者的作法。下游廠商若是自以為是，不知隔行如隔山的道理，加上平日也不去會場，不願意向上級指導學習，如此一來，絕對沒有能力輔導直屬成員，更不可能完成自我期許的事業願景。這些是新的經營者想要成功最忌諱的事。

答 第57問

上級指導不注重教育學習，只會不斷找人衝業績

「學習」是從事組織行銷工作一項永久的課業。同業們在同一個領域相互競爭的情況下，經營者若要保持堅強的競爭力和專業能力，就必須透過學習讓自己不斷的成長。

專業不足、方法不對、沒有遠見，「半桶水」的能力註定會被淘汰。身為上級指導，應先領導下游廠商學習各項專業能力，衝業績固然重要，但不可本末倒置，做錯了再學習，不僅浪費時間，並且嚴重影響成員的士氣與信心。

千萬不要忘記，停止學習等於停止充電，組織將因知識能量不足而自然萎縮退敗。

當發現自己的上級指導有這種現象，自己便要有所警惕，適時地提醒你的好友上級指導陪著你一起學習！

答　第58問

夥伴經營得很辛苦卻沒有賺到錢

上級指導領導者對於自己所屬的組織網，每隔一段時間一定要檢視它的發展狀況，當遇到瓶頸時必須立刻找出問題，並以簡單、清楚為原則的方法，進行問題的處理與組訓輔導，俾使業務能夠順利長久地發展下去。

當下游廠商將經營不佳的問題告知上級指導後，上級指導要做的第一件事，是聆聽下游廠商在經營上所遇到的困境，即使花再多的時間也要很有耐心、用心地聽完下游廠商的心聲與困難，而不是以碎碎唸的說教方式，再傳授一大堆不能解決問題的觀念與方法。

要知道，下游廠商已經亂了經營法則，說越多、他們可能吸收的越少，越是混淆不清，你的聲音反而變成他耳朵裡的雜音。重點是要滿足下游廠商的需求，以簡單、清楚的方法，幫助他們解決問題，讓下游廠商能夠順利把業績做出來，並且趕緊安排高階領袖來輔導。一方面是支持你的說法，一方面可進一步激勵夥伴，如此才是一位負責任的良好上級指導應有的作法。

答 第59問

下游廠商忽然不營運，也不願意到會場，該如何處理？

原因有好幾種，當這種情況發生時，如果是因為他在經營上遇到了挫折，若沒有及時處理，很快地他便會「陣亡」。

每一位經營者來自不同的背景，有著不一樣的個性，如同星座算命，不同的星座各有各的特性與命運，所遇到的問題與處理方式自然也不盡相同。因此，上級指導輔導下游廠商，不能以自己的想法為己見，要以下游廠商的需求而給予協助，否則花費再多時間與精神，也得不到預期效果。

如果上級指導一再堅持一些下游廠商不理解的作法，就會導致下游廠商不願意將心裡的話告訴上級指導，不願意再接受良性的溝通，下游廠商也因而不得不放棄這份事業。當有這種情況發生時，請上級指導的高階領導人與當事人溝通，了解停頓經營的原因是非常必要的。

答 第60問

下游廠商問題多，簡直應付不完

身為上級指導有責任協助下游廠商解決問題，但這並不是最好的辦法，能教導下游廠商如何處理問題，才是根本有效率的作法，亦是一位好上級指導應有的表現。否則，當下游廠商的人數越多，問題也就會越多，每天會把時間都用在解決下游廠商的問題上，如此一來，將沒有足夠的時間來開發新線，或繼續進修補充自己事業的能量。

再者，教導下游廠商解決問題，必須先讓下游廠商了解問題形成的原因，然後再思考處理問題的對策與方法。當下游廠商培養出解決問題的能力時，下游廠商不僅能解決自己的問題，同時也成為組織裡一位解決問題的好幫手、好上級指導。

因此，當你有這種情況出現時，那就恭喜你了，這表示你會不斷地從解決下游廠商的問題中，成長為一位真正的領袖。

答 第61問

組織運作操盤不起來，原因不明

組織內隨時是會有一些問題產生，但不會有「原因不明」的狀況發生，只有「懂或不懂」、「願不願意」去做的問題而已。如同學生考試，沒有不知道自己考幾分的道理，只有「會與不會」、「考好或考壞」的結果。

因此，不專業、學習不夠，才是問題的根源。只要多參與課程訓練，常與上級指導討論正確操盤的運作方法，明白之後，回頭再檢視自己及所屬的組織，即能找出操盤不順利的原因，而問題通常是在於自己，不在於下游廠商。

答 第62問

無法發展出有深度及寬度的組織

許多夥伴了解組織行銷是一份難得自在的事業之後，即開始著手進行認真的經營。忙了一陣子之後，終於發現自己的組織已亂線了，趕緊再請教上級指導、領袖檢視其中原因，這才知道自己做了許多不當的營業動作而不自知，久而久之，也養成了錯誤的習慣，當然離成功就越來越遠了。

如何發展出既紮實且有效率的組織網呢？這與個人的專業素養、經營模式、執行動作有關。整個組織發展需要各方面的調理，方能有序地發展出既寬且深的組織網。專業的組織行銷產業有專業的技巧與方法，絕不能用「本能」來做事業，因為，那就算再加倍努力也只會讓事業曇花一現，而不能創造出既深且寬的組織通路。

總之，經常參與專業研習課程、每會必到、請教上級指導、檢視組織網，以專業之道解決問題，是讓組織能順利發展開來的必經過程。若是閉門造車，不懂得學習的竅門，事業發展結果將只會是原地踏步。

答 第63問

組織中的成員不聽話，怎麼辦？

組織行銷是個整體運作的事業型態，上級指導、下游廠商構成行銷的流通網路，經營者與經營者之間環環相扣，必須緊密合作，上下一條心，方能發展出固若盤石的事業組織網。身為上級指導領導者，須擔負起協助下游廠商發展組織的責任，並且依照規劃進行組訓、輔導、傳遞、收集相關資訊……等一些重要的工作，因而認真的上級指導必然是比下游廠商辛苦得多。

雖然每一家公司的制度都不同，但上級指導、下游廠商之間絕對是一體的。上級指導要求下游廠商成員「聽話照做」，只要是正確且有利於事業的建議，而不是與事業無關的事，照理說，下游廠商都應該配合上級指導的教導和協助，才能使自己的事業順利地發展開來。

讓下游廠商了解「聽話」的好意是非常重要的。聽話不代表「命令與身份」，而是幫助對方成功。聽從一位成功領袖的指導，按照他所說的話去做，上級指導、下游廠商相互一致地配合，方能做好互助互利的事業，組織也才會有良性的發展。

答 第64問

下游廠商要轉到別家公司去發展

下游廠商經營的不理想，因而選擇到別家公司去發展，或者改行從事其他方面的工作，這都是理所當然的想法。不過，若是原來所經營的公司、產品、制度都很好，那就沒有離開的道理。或是因為受到挫折，或本身的個性與成員不和起了爭執，因而意氣用事想放棄這個美好的事業，這也是非常不智且可惜的作法。唯有留下來繼續經營，重新學習再出發，才是正確的選擇。否則到任何一家公司去經營，事業一樣會做不好，畢竟同樣的問題還是會存在的。

如果現在所經營的公司，經過評估，真的是沒有前途的話，選擇離開是正確的，而且要快，才不會耽誤到自己未來的前途。如果公司沒問題，只因為個人的想法與執著，而產生了退縮的心態，再經過上級指導、領導人一再溝通勸導後，假如最後的結果還是無法挽回該員的心，我們還是要以好朋友的立場，誠心祝福他對未來的選擇，並且要與他常常保持連絡。切記！用「誠信與關懷」對待朋友，從事組織行銷產業的心態，其實是和待人處事的道理是一樣的。

答 第65問

上級指導都沒在動，下游廠商努力是不是幫忙他作業績？

遇到還沒有進入狀況的上級指導或規模小的團隊，基本上你初期的經營會比較辛苦。不過，組織行銷的好處除了門檻低，人人都有成功的機會之外，最重要是它不是靠一位上級指導來做事業，是你必須幫助更多的人成功你才會成功。上級指導不認真就不會比你有成就，如果你的上級指導出發點錯誤，不願意付出努力，他就不可能獲得成就，而且只是在浪費自己寶貴的時間，最後還是會選擇放棄。

組織行銷用有組織的發展方式來建構個人的獨立事業，上級指導是無法不勞而獲的，並不是你賺錢給他，更不可能因為你一個人他就可以成就了事業。因此，透過決心與學習，參與團隊運作，自然沒有上級指導的問題。並且不要忘了，別人是你的上級指導，而你也是別人的上級指導。所以，組織行銷經營者，對於上級指導、下游廠商的事業夥伴，除了必須彼此真誠相待，最為重要的是，自己要有心、經營夠專業。

3-3 邀約與跟進技巧：讓陌生人變成交單客

第66問 答 客戶提出的問題無法立即詳盡答覆

「一問三不知」的狀況，是屬於還在學習的階段，推薦不成功是屬正常狀況。學習不足造成專業知識不夠，當然會沒有能力推薦商品與事業。這就如同賣水果不帶秤，不知斤兩又如何計價呢？因此，想做好事業，一定要先學會基本專業，帶足了生財工具之後，方能無懼、自信地去發展事業，同時可減少或避免一些不應該發生的挫折。

當這種情況發生，理應先對客戶的問題表示理解和感同身受，同時表示自己也曾面臨同樣的問題或疑惑，然而經過專業的人和成功者分享後便豁然開朗，並建議與自己的上級指導，或者熟識的成功者立刻聯繫對談。這種處理方式，往往讓客戶感覺：你非常有誠意，對事業的發展能立即加分！

答 第67問

上級指導領導急著想複製下去，讓新朋友惶恐

身為領導者，應該知道「急」是組織行銷經營法的大忌之一。越是「急於一時」，越快「毀於一旦」，唯有按照正確的營業步驟，不急不徐地進行，方能順利的完成締結。

做事業要積極，但不能心急，而且要保持心情愉快，以誠信對待客戶。只要是好的事業，加上方法正確，一定能在和諧喜悅下的氣氛中完成。如果商品不優質，推薦人不誠信經營，利用美麗的謊言，絕對無法長久經營下去。

組織行銷可貴就在於：越誠信、越能關心別人者，他越能成功；越是讓客戶了解產品的內涵及事業的優勢，越能獲得客戶的信賴。

經營者要切記，絕不心急，但卻要積極！

答 第68問

傳統事業發展不錯，願當消費者不當經營者

客戶有這樣的回應，屬於合理的說法之一。客戶對產品能夠進行口碑分享，對於經營者而言，同樣是事業能否經營成功的重要一環。

大多數工作穩定者，當他未了解組織行銷之魅力時，很容易以此為藉口當推托之詞，事業商們必須有耐心慢慢地引導。

客戶所經營的傳統行業雖然發展的不錯，不過，他同時也可保留經營這份組織行銷的機會。只要客戶能長期以「好東西與好朋友分享」的理念，將產品推薦給他的親朋好友使用，日後因緣聚會想去經營這份事業時，那些親友即可順利地成為他自己組織裡的基本成員，並可從下游發掘出很喜愛這份事業的朋友。如此的作法，給別人創業的機會，也給自己隨時可以跟進發展這項事業的機會。

答 第69問

依照上級指導所教導的說法，客戶還是拒絕購買

經營者向客戶推薦產品，並將產品的各項內容做事實的陳述，結果客戶還是不願意立即購買，這類的經驗實例並不少。經驗一再地證實，被客戶拒絕的因素，常常並不是「人」與「產品」，而是拒絕推薦者的「方法」。因為，客戶都知道「老王賣瓜，自賣自誇」的道理。賣的人都說自己的產品好，而如何證明產品真的如推薦者所說的那麼好？如何讓客戶願意「先相信」、願意立即購買產品，來進行自我「親身體驗」的方法，這項科目必須向領袖學習。並且，我在課堂上也都有詳細地講解傳授被客戶拒絕的應對方法，協助夥伴們解決這方面的問題。

答 第70問

下游廠商跟進的狀況不夠密集，會跟進者的動作卻又不落實，怎麼辦？

一家公司的業務員若沒有去開發新的客戶、與客戶的溝通方式錯誤，則永遠不會有客戶成交。同樣的道理，從事組織行銷產業的經營者，若沒有進行「產品分享」，未規劃做長久性的佈點，就無法將消費點做成線；點越少，跟進的點、線自然會不密集。點、線要同時兼顧，才能拉成有效的組織面。

因而上級指導的營業動作若是不落實，組織網內的下游廠商成員自然也複製出不落實的動作，如此發展下去，結果可想而知。

發生上述狀況，必須立即回頭檢視組織，了解問題的成因，即使是重新開始佈局，也是最好的方式之一，因為成功永遠不嫌遲，最怕的是不知道問題出在哪裡，故一直在錯誤的方法中運作，造成事業一輩子難以成功。

答 第71問

不好意思跟進，擔心朋友拒絕

做事業是要對自己負責的，事業的成敗都與他人無關，所以根本沒有「不好意思」的問題存在。被客戶拒絕，是從事任何行業都會發生的業務常態，被拒絕習慣了，了解拒絕的原因，能對症下藥，業務的推展就會越來越順利。

如果向朋友借錢是為了買酒喝，那是應該要感到不好意思；如果是為了事業發展而籌措資金，反而會受人敬重其事業的成就；如果錢是向銀行借來的，更沒有不好意思的問題，只有條件夠不夠的現實考量而已。

因此，只要是正當性、有意義、有未來性的事業，不僅沒有不好意思的問題，更不必害怕被拒絕。因為事業是正確的，產品又那麼好，「拒絕」是不會一直存在的，一但客戶不因為拒絕而拒絕，當他接受之後，「拒絕」將變成支持你事業的最大力量。

第72問

沒有任何原因，就是不想用產品

答

這是屬於「產品分享」過程中，少數會遇到的一種正常反應。基本上，客戶尚未使用過產品，這個問題當然與產品沒有直接的關連。參考過去的經驗實例，這可能與你過去給予客戶的印象有關，也有可能當天對方的情緒不佳，或者你的推薦步驟錯誤而不自知，以及其他因素都有可能導致對方不願意立即接受產品。

客戶把拒絕的因素放在心裡，當然無法對症下藥圓滿處理。不過，通常這類問題的癥結推薦者最為清楚，此時請上級指導協助，或者給雙方一些時間，一旦助緣到來，對方也會自然地接受。

類似這樣的案例，依據個人的經驗，其結果都還是正面的，甚至於真的是沒有特定的原因，僅依賴「時間與耐心」也是解決問題的良方妙藥。

3-4

實戰推廣方法：邀約→見面→締結→複製

第73問

答

OPP說明會後，再見過一次面，之後就鮮少接電話

許多經驗實例告訴我們，這種狀況乃客戶接受正確訊息之後，反而產生了錯誤的想法，導致退避的結果。客戶心裡上產生了自己的想法與判斷，又基於本身的個

性及某些因素的影響，心中存在的疑慮不僅不再向推薦者詢問，並且自認為這樣的事業他不適合參與。最有可能的因素是，因OPP後忘了給新朋友打預防針，或是預防針打得不夠強，朋友太過自信，導致輕易地和其他人分享OPP內容和經歷，而被他人潑冷水。而為了避免麻煩又被說服，乾脆就不接電話。

碰到這樣的客戶，找時機登門拜訪是必要的，即使無法改變客戶的想法，與客戶保持連繫也是應該的。做朋友和做事業一樣重要，朋友是不會因為不在一起做事業而不往來，一時不合作也是好朋友，以後有的是合作的機會。

然而，做事業遇到問題，那絕對要請教上級指導、領導人，並盡可能請高階領袖與當事人溝通，了解他停頓經營的原因，才是正確的處理方式之一。而自己中間的橋樑角色必須要做好。

第74問 答

屢次邀約朋友都不出來，表面上答應，實際卻爽約

朋友不願意出來，又不好意思拒絕你的邀約，可能就會造成表面上答應，實際上卻爽約的結局。事實上，約會是日常生活中最簡易、頻繁的行為，只要雙方有空，談好時間地點，準時赴約就ＯＫ了，應該是一般人最不用花費心思的。

會造成只是表面上答應的情形，應該和你向對方提出的「邀約說法」有關，而且第一次的說法若是錯誤，之後再進行的邀約都會讓對方存疑，因而會有屢次邀約都是表面答應，實際爽約的情形發生。

「邀約」有正確的邀約說詞與方法，若不得要領，千萬不要隨意執行這個動作，以避免造成對方的誤會和自己的挫折。

答 第75問

如何判斷客戶有無購買意願

當客戶有意願購買時，表情會專注，會詢問有關產品方面的細節，包括成份、價格、功能、售後服務，以及想了解其他購買者使用後的心得等諸多問題，並且很自然的和推薦者聊一些私人的事情。

當購買時機成熟時，客戶會進一步詢問其他人的意見，甚至反問推薦者的看法與意見，而且自我假設已經購買該項產品之後，應該還要注意哪些事項，其行為與沒有意願購買時的態度是完全不同的。

夥伴經營一段時間後，即會擁有豐富的推薦經驗，能輕易判斷客戶當時的想法，以及當下有無購買的意願。

能掌握客戶何時有購買意願固然重要，然而能夠適時地跟進，完成締結工作更重要。畢竟大多數客戶都是需要你臨門一腳的動作才會下訂單。

答　第 76 問

上級指導的長相與口才都不好，會成功嗎？

組織行銷業不是在辦「選美」或「演講」比賽，它完全注重「觀念與心態」的正確與否；會成功者大都是樂觀、開朗、熱心助人、善良、誠實、有勇氣、有行動力、能堅持信念的人。

一個人的長相如果不好，就讓自己有一些才氣；如果才氣也沒有，那能「微笑」就是最好的人品。因為笑是人類共通的語言，笑如氧氣般讓人清心舒暢；笑是靈藥，使人樂觀的心靈維生素。

「才氣：才氣能經由不斷地學習而自然形成。」

「除了微笑，加上『借力使力』，這樣就能夠把事業做成功。」

「借力使力：組織行銷產業妙就妙在：只要一個人想認真做事業，組織裡所有的上級指導、組織領導、講師、都會盡全力幫助他做好這份事業的產業。」

答 第77問

有些客戶很難說服他購買

推薦產品不是靠說服能力，而是能夠適切地點出客戶的「需要」；更不是一直對客戶說服個不停，反而你說的越多，客戶聽進去的越少。應該讓客戶說出他對產品的觀點，認真聆聽他的想法與疑惑，方能依照他所提的問題做出正確的因應與說明，讓客戶因「了解與需要」而自然的主動要求購買。

做事業不是只用嘴巴做，還要用心做，能以客戶的立場著想，將心比心就能感受到客戶真正的想法與需求，並且要以與客戶做「永久朋友」的心態來分享產品，這樣的推薦方式就會做得順利又愉快。當客戶購買產品之後，別忘了再繼續做好「誠信」的售後服務。

答　第78問

聽完OPP以後再經過會後會依然無法締結

客戶在會後會之前，一切都還滿意說明會的安排，然而卻沒有立即締結，經驗實例告訴我們，不外乎邀約者說錯話，做錯動作與步驟；或者，客戶內心尚有疑慮未除，而邀約者這時卻「急」著想要完成締結，造成客戶不自覺產生不必要的疑心，反而誤解了邀約者的好意，產生了排斥退卻的心理。

因此，了解客戶的觀感，以及他所考慮的因素，適時地解除他的疑慮是締結的關鍵。而未能在會後立即締結的客戶，邀約者必須提供一些資料請他帶回去參閱，讓他多了解這份難得的創業機會，並立刻約定下次見面的時間再跟進，千萬不能「急」，但更不能鬆懈。更重要的是，一定要在朋友離開前打好「預防針」，避免因不當表達而被潑冷水，之後失去信心和興趣。

答 第79問

「邀約」經常失敗，怎麼辦？

「未邀請之前，就先害怕被拒絕」、「自己尚未專業，就向客戶介紹事業」、「邀請說法未能引起客戶的興趣與需要」、「在電話中談事業」、「對邀請的目的說謊、欺騙」……等許多不應該發生的錯誤邀請方式，是造成邀約失敗的主因。

利用簡短的幾分鐘進行電話邀約，重點只是與對方訂個約會的時間與地點而已，並不是向對方解說事業商機，或談產品是如何的好，這些內容是由會場的講師與會後的上級指導來說明。邀請者的工作只是單純的電話邀約，實在不應該「邀約」失敗。

一個正確的邀約動作是：簡單、明確、有效、愉快。

3-5

調整心態、突破瓶頸：賺錢從調整自己開始

第80問 答

客戶說「沒興趣」時怎麼辦？

「沒興趣」與「不願意」、「不反對」是不同的，如果你所推薦的產品與健康、美麗、財富、助人……等益處有關，對方不會說：「我對健康、美麗、發財、幫助人都沒有興趣。」

通常我們比較不會拒絕有吸引人、有真實需求的產品，而會拒絕的因素大都是：不信任推薦人說的話、不信任公司與產品、覺得不值得購買，或自以為已經有了類似的產品、純粹為反對而反對……等諸多因素的影響，乾脆以一句「沒興趣」來回應你。

上述所說的各種推托之詞，在其他相關問題裡，亦有詳細的解說，請自行查閱。

答 第81問

個人的形象會影響事業的發展？

客戶經常是從經營者的外表，來判斷他的公司外在形象的好壞。因此，經營者給客戶的第一印象特別重要。試想，一名業務員穿著拖鞋、抽煙、嚼檳榔、面無笑容、態度惡劣，以這樣的外形向你推薦優良的產品，你會相信嗎？

反之，換上一位有熱忱、有朝氣、面帶微笑、儀容乾淨、服裝穿著得體的專業人士，相信這位比較能獲得你的接近與認同吧！況且，穿著也會影響一個人的行為與信心，所謂「人要衣裝、佛要金裝」是有其道理的。

經營者不僅要培養自己的內在，對於外在自我形象的調整，個人的穿著打扮是否得體，都必須要做自我的要求，與客戶見面時方能呈現出最佳的專業形象。

不要忘了，表面上你是在進行推薦產品的工作，事實上，也同時在推薦你自己，因為有些客戶經常是因為「信任你的推薦」而接受。

答 第82問

不是潑冷水而已，是被放冰塊

一個人從事自己未曾做過的工作，尤其是可以自己當老闆的事業，再加上親友也不懂得這個行業時，一般而言，親友們都會先潑冷水反對，以表示他們的關心之情。或者親友中有人曾經接觸過組織行銷產業，但遭逢某些因素而退縮，同樣也會認為你不會經營成功，故而潑你冷水。

為什麼被潑冷水的人，都是尚未成功的經營者呢？而潑冷水的人，不是不懂得組織行銷產業，不然，就是屬於過去參與失敗的從業者。

為什麼成功的人不會被潑冷水？因為他們被一路潑到成功，最後反而成為潑水者敬佩的學習對象。

所以，被潑水是成長過程中一定會遇到的現象之一，只要你的心永遠保持著熱情，則水會乾、冰會融化，屆時成功之後，記得要感謝潑水的人磨鍊了你當時的心志。

答 第83問

有沒有特別容易成功的方法？

基本上，沒有所謂特別能容易成功的方法，唯有實實在在、規規矩矩，認真的經營，按部就班、不投機取巧的態度做事，便是成功之路最好、最快的方法。除非你已經能了解掌握到組織行銷產業的精髓，已經能心領神會，融會貫通該產業所有的知識和要領。如果尚未達到如此境界，那麼只要跟隨成功者的腳步，即是特別容易成功的心法與必要途徑。

答　第84問

努力多久才會月入百萬？

能達到月入百萬的階段，與「時間」沒有絕對成正比。有人雖然努力做事業，但是觀念偏差、心態不正確、方法不對，還是無法縮短成功的時間。因此，除了努力之外，還要加上足夠的專業知識、態度、技巧、習慣、做人處事，以及懂得善用「組織倍增法」，如此，才能「縮短致富的時間」，達成月入百萬的目標。如果能確實每會必到、聽從真正成功者的指導，即使幾個月的時間也都有可能達到月入百萬的目標。

答 第85問

怎麼一邊做線又一邊斷線？

邊學邊做，學一半做一半，學錯了自然也會做錯，因而一邊做線一邊斷線。這是初期經營者經常會出差錯的狀況，也是學藝不精的結果。發生這樣的經營狀況，這些只做一半的先生、小姐們，會因為「顧此失彼」而心生一半「放棄」的念頭。如此，一方面必須趕緊學習好正確的經營技巧，改正自己的過失，避免一錯再錯。另一方面，已經造成斷線的那一半，再請上級指導、領導協助他，讓斷線的這一半恢復到通線的經營狀態。到底要讓哪邊的線接起來，除了上級指導專業的建議，最後還是由你自己的態度來決定！

答 第86問

看別人做的很容易，自己做卻那麼的困難

看似容易，做起來困難，這是人人都會遇到的狀況。總是以為別人比較幸運、比較順，其實知易行難，這個道理人人都懂。無論從事哪一種行業，會成功的人經常會有一段別人看不見的奮鬥過程，當他成功之後，就會有許多有心人想向他學習成功的方法，卻很難有那份因緣能獲得他的真傳。

然而，組織行銷產業不同於其他行業的文化，只要你有心想要成功，組織裡任何一位領導者都願意傾囊相授，傳授給你成功的方法，並且親自領導你參與實際的操作方法。之後，你只要身體力行「複製」他的作法，即刻能領悟到：原來「困難」來自沒有方法，「做錯」是因為方法不對的道理而已。

「看」容易，卻離成功很遠；「做」雖困難，卻能往成功的方向接近。

答 第87問

怎麼都推不動下游廠商

組織行銷的發展方式不是用「推」的。推一位下游廠商，他雖然被你推得向前一步，但當有二位下游廠商時，你卻要付出二份的力量才能夠推動他們。當下游廠商越來越多時，你將精疲力竭。這種操作方式完全與「組織倍增法」的道理相反。

真正懂得經營的領導者，是以「吸」的正確方法來推動事業，慢慢努力把自己的作為和形象變成如同一塊磁鐵，吸引下游廠商跟進。把自己當成江河大海，以寬闊的胸襟，將親朋好友這些小溪們，匯聚成江海，形成一股無法可擋的大能量，在事業共同體的環境裡，發揮互助、互愛、互利的精神，合作無間的運作之下，領導者及所有成員皆能夠做好自己的事業，實現了個人的理想願景。使自己變得有吸引力和影響力，是有「撇步」的。樂觀進取、勇於修正自己，熱衷學習、不怕挫折的人是比較有魅力的。

好的上級指導就是要吸引下游廠商跟進，讓下游廠商願意向你學習，讓下游廠商覺得跟著你才有希望，即使現在跟隨你還是有受到一些挫折，但都能夠認為是短暫的，跟隨你做事業的堅持與自信依然不變。如此的吸法，才能夠發展到和成員一起「同時成功」的喜悅。

答　第88問

我怎麼都找不到老鷹？

每一位經營者，都是經過「重新學習」後，才有能力經營出一番大事業。所以說，沒有天生的老鷹、沒有天生的組織行銷高手，每位經營者都是從小鳥階段開始學起，不努力的人最後還是小鳥，能萬般努力而成功者，即成為業界所說的老鷹。

答 第89問

收入中斷或不穩定

自己的組織體系要盡量避免下游廠商的陣亡，否則當然會影響組織網的發展，上級指導、下游廠商的收入自然也會不穩定。有此種狀況存在時，應該立即檢視下游廠商組織的發展現狀，找出問題，並實際操盤協助下游廠商賺到錢，這樣總比採用鼓勵下游廠商的方法還要來得實在，如此更能鞏固自己的組織與下游廠商的事業心。也就是重心應擺在下游廠商而非自己的收入和發展，才是讓自己收入穩定的方法。

讓追隨自己的下游廠商看到未來與希望，幫助他們擁有好的生活品質，這是領導者的責任，以及發展組織事業不可忽視的基礎命脈。

答 第90問

夥伴私下要借錢應該答應嗎？

從事組織行銷產業的成員，每一位都是老闆的身份，皆屬於獨立的事業個體。夥伴之間若有借貸關係，亦屬於私人的行為，後果當然由雙方自行負責。然而，為了避免因私人因素而影響到彼此間的事業發展，成員之間應該盡可能避免金錢上的往來。

組織行銷講求單純、簡單、不複雜。因此，所有的成員私下交往，也都要秉持單純的原則相處。希望不只是事業能做得如意，夥伴之間的情誼也能更加緊密、友愛。

答 第91問

夥伴只喜歡參加活動，而不願意發展組織

喜歡參加活動是好現象，新朋友既然喜歡參加活動，而善用活動一樣可以簡單的發展組織。事實上，有些新朋友初期熱衷活動是正常的，只要上級指導用心指導與跟進，情況都是可以立即改變的。

另外一種心態是：夥伴對組織行銷還不是相當了解與認同，所以不想帶新朋友來發展組織。凡是觀念與心態的問題，身為上級指導應該先設法讓夥伴從「認識到認同」產業，而不是先「要求」發展組織。

答 第92問

朋友覺得這是暴利，不想賺這種錢

一個合法賺錢又是暴利的工作，相信每個人都想去做。如果暴利又加上方法簡單，更是許多人會搶著做的工作。而組織行銷的經營者，並沒有人人都獲得暴利，可見它並不符合「暴利的行業」。再者，它不是一種投資型工具，因此也無暴利可言。

不過，組織行銷的確是可以讓人致富的工作，原因是自己當老闆，努力所得都是自己的，自然賺得比上班族多，所以會讓人感覺是暴利。若與大企業的老闆相比較，這些老闆顯得更暴利了，因為他們當老闆的方式是幾千萬員工幫忙賺錢給他，若從投資報酬率來換算，企業老闆理所當然賺的多，當然風險也大，之間差異在於組織行銷的經營者是零風險。能夠了解這個經濟論點，反而會喜歡組織行銷這份工作，喜歡這份需要努力的暴利，喜歡它讓人少奮鬥三十年的機會事業。所以，從事組織行銷是選擇自己當老闆，經過努力付出之後，得到老闆級的報酬，而不是得到暴利。

答 第93問

遇陌生人主動詢問時該如何開頭告知？

因時、因地、對象的不同，加上當時的氣氛、感覺來決定這個客戶的應對與後續的締結動作。不過，基本上要依照所學：不急、不推銷、不多說、不判斷，簡單分享喜悅，以講解產品為主，若此人主動表示購買意願亦可單瓶售之，但須留下對方的電話以便追蹤、服務與關心。

答　第94問

對於發動夥伴參與活動，夥伴不來，明知是藉口，如何回應？

參與活動，對個人事業發展是重要的一環，心態上要心甘情願，一點都不能勉強，才能領會出「如何讓自己的行為更加堅定了自己信念」的道理，進而能從活動中獲得更多事業的動力。所以應讓夥伴再一次了解參與活動對事業有哪些幫助，比責備與強迫夥伴重要多了。

3-6 業務黃金法則：實用招數提升成交力

第95問 什麼是ABC黃金法則

答

「ABC法則」是經營組織行銷產業一種成功的經驗法則，是進行「締結」成功與否的重要關鍵法則。A是Advisor（顧問）的縮寫：代表溝通者、講師、上級指導。B是bridge（橋樑）：代表自己。C是customer（客戶）：代表被邀約來的新朋友。A、B、C三者，雖然身份、角色都不同，但應用ABC法則，使三方的互動能在共同理念下，同時達成三者各自所希望的目的、愉悅地完成業務締結。

答 第96問

一定要按照ABC黃金法則去執行業務才會成功嗎？

ABC黃金法則是前輩、學者、專家們，長久以來所累積的成功經驗法則，直至今日依然是業界實用的法則，許許多多的成功者都延續使用這套經驗法則。基本上，新人若沒有一套成功的經營策略，就應該學習這套法則來經營事業，如此才不用浪費時間再去摸索而遭受到不必要的挫折。

有經驗的經營者，除了應用ABC黃金法則，亦懂得加上自己的成功經驗來經營事業。所以，我們應該說：「ABC黃金法則」是新人必須應用的成功法則，是最容易複製組織的締結原則。組織中ABC黃金法則運用得越紮實，組織擴展的速度越快！

答 第97問

下游廠商認為把朋友帶進來會被上級指導毒死

沒有一位上級指導能夠毫無失誤地協助下游廠商成功完成每一次的締結，即使是經驗豐富資深的上級指導也不例外。因此，上級指導毒死C的說法是不存在的，只能說上級指導的專業能力有待加強。然而，能不能完成簽約，最主要是自己的問題。

夥伴之間，不應存在歧視和己見，上級指導能真心對待下游廠商最為重要，畢竟每個人都會成為別人的上級指導，而且都是在邊學、邊做的營運下學習，自然會有所差異。所以，彼此將心比心，才能化解歧見，事業合作方可久長。當上級指導、下游廠商夥伴合作不順暢時，最好的方法就是將問題往上報，由上級指導領導來解決。

第98問 答

下游廠商產品發不出去，上級指導該如何協助？

將產品發出去分享，是作業步驟之一。下游廠商產品發不出去，事業等於在原地踏步，這時請教上級指導協助是正確的，也不會有什麼困難。況且，新人的基本課程裡，都有傳授這方面的技巧與作法。因此，產品發不出去的原因，可能是下游廠商自己不積極，或是不想經營的另一種藉口。否則，只要按照課程所學，加上上級指導所傳授的經驗去做，通常不會發不出去，反而是發出去之後，如何跟進服務客戶才是營業的關鍵。

答 第99問

產品發出去，難以關心狀況，以致不了了之，收回困難

通常這種情況有三種可能，而且比較普遍：第一，只是把產品發出去，但沒有跟進追蹤客戶，因而客戶將產品一直擺在家裡沒有使用。第二，客戶並沒有使用，但說有使用且謊稱沒效果。第三，產品發出去，卻等待客戶主動反應，時間拖太久，導致雙方都以不了了之的心態處置，進一步造成想要收回產品或客戶想退回產品，雙方都不好意思再談起。因此這三種狀況都是經營者應該要避免的。

以上三種情況，都是不專業所造成的結果。市面上所銷售的產品都有售後服務，我們發產品自然也要有回收效果的應對與方法。急著發產品，或不正確的發法，都會造成無效或不了了之的結果。其最重要的始因是自己心態的問題，例如，

將「發產品」只是當做一件事情在辦，而不是當做事業在經營，或者是服務態度不正確。

答 第100問

消費線新朋友，能自己收單嗎？

消費客戶後來變成經營線是很普遍的轉變現象。對於初期單純消費的客戶，專業能力夠的經營者，是可以自己收單，但是首先要確認是您是否真正一開始便認定他為消費者？很多客戶剛開始礙於心態的關係，都會說他只當消費者而已，但最後都成為傑出的經營者。這是因為認同產品之後，加上心態隨之改變的結果，對消費客戶能否快速轉變為經營者，是有絕對的影響助力。如果這是一位理想的經營線客戶，千萬不要因為他固有的想法而放棄他，一定要請上級指導幫忙協助，用正確的步驟來進行作業。

答　第101問

面對等著Q的下游廠商，應保持何種態度？

平常心看待。組織行銷的特點是：過去、現在、未來的努力都會反應在成績上。當Q的時候也是一種省思，是應該再努力經營？還是讓機會漸漸消逝？這都考驗每位經營者的智慧與選擇。一分耕耘、一分收獲，Q的時候多關心夥伴，對自己負責任才是最重要的態度。

3-7 高效經營策略：忙中有序、動中有法

第102問　要如何打電話跟進？

答

訓練課程有教導基本、簡單、效果又好的跟進方法，新人不要用自己的說法去做跟進動作，務必按照上課所學，簡單講、輕鬆做、不做錯不挫折的原則，才是正確經營之道。加上要常常參加自己團隊的聚會，分享他人的經驗，絕對比自己想、自己摸索來的有效果。雖然只是打電話簡單的跟進動作，但說法錯誤就會造成後續跟進困難的處境。

答 第103問

要等產品有效才願意發動

產品使用後，有了效果才有信心向親友推薦，這是正確的作法之一。不過，從身邊的使用者或其他消費者所提供的見證，已經可以確認產品是可以信賴時，當然也可以在邊使用產品的狀況下，借力使力進行組織發展。相對的，如果產品使用後，證明沒有效果，那就應該放棄所選擇的公司，換一家有優良的產品、獎金制度公平的公司，這樣才不會影響自己和所屬的組織夥伴未來的前途。

答 第104問

不會跟進

這個產業與傳統行業最大不同之處，就是沒有不會做的經營動作，只有不願意、不想去做。因此，沒有「不會跟進」的問題，聽就會做，只要有上課就會做，而且能簡單地做，加上天天做「跟進」動作，事業就是這樣天天跟進、簡單地做出來的。而且，只要是按照系統化去做，就沒有跟進的問題，效果事半功倍，否則用「人」去推、去跟進，那效果將事倍功半。

答 第105問

不喜歡接觸人群參與團體活動，如何輔導？

組織行銷的好處之一是「也可以在家工作」，但若是能夠配合團隊運作，成就會更加快速到來，這個道理相信參與的人都明白。因此，關鍵有時不在「如何輔導」，而是溝通個性的改變。慢慢引導他進入團隊參與服務，久而久之習慣參與團隊的活動之後，自然而然就不會再有「不喜歡接觸人群參與團體活動」的心態，反而會喜歡和人互動，進而改變了自己的個性，建立良好的人際關係。

答 第106問

白天的工作與晚上兼差如何兼顧？

經營組織行銷沒有時間上的問題，只有「會不會、懂不懂」經營才是重點，懂得應用的方法與技巧的話，就沒有白天或晚上的時間問題，當然更不會影響白天的工作。事實上，懂得經營組織的人，利用下班時間經營，兼差所賺的報酬就比白天上班多，通常也因為兼差的收入比白天工作的報酬多，進而辭去白天的工作專職經營組織行銷。

在兼差過程中，利用休息時間幾分鐘做一個對的動作，還是可以順利完成作業，這關鍵就在「會不會、懂不懂」經營，而這份能力來自於上課，因此只要有課就上，結果花的時間少，作業效果卻非常好。

答 第107問

如何經營遠距離的客戶？

經營組織行銷事業，基本上可以在家完成工作，因此距離不是問題，有心才重要。當然若能配合有系統的團隊來運作事業，其效果更能事半功倍。譬如，能採以遠距離教學，提供夥伴多樣化的學習平台；使用系統化的網路資訊，以及各項輔助工具來增加學習機會；經常舉辦各類型態的活動與聚會，讓夥伴們彼此分享經驗與技巧，使得遠距離的經營者，不僅不會影響事業的發展，同時能夠獲得團隊的各項支援。

答 第108問

如何「複製」？

成功者的經驗是從業人員最好的老師，尤其是複製有系統的成功模式。而不論複製哪些成就事業的方法，最初要從自己的觀念、行為開始做起，言教不如身教，在個人方面先做好穿著、儀容乾淨、言行舉止端莊，當個下游的楷模。作業方面跟進上級指導、引導下游廠商，複製對的經營流程。複製不只是複製作法，複製正確的觀念是事業發展的根本。複製對的事就要一〇〇%的複製，成果就能倍增。不對的動作一點都不能複製，因為相對的錯誤也會倍增，事業越經營就越糟糕。

帶人做事的領導力修練

第 4 篇

4-1

管理與溝通：不同背景的夥伴怎麼帶？

第 109 問

組織中有問題人物，該怎麼辦？

答

一個團體總是會有一小撮人搞小圈圈，不過對於組織行銷產業而言，並不需要去擔心這類問題的產生。因為所有的成員都是為事業、為理想而來的，不是來搞派系鬥爭；相反的，會因為個人發展的需要，成員們之間必須誠信、友愛，共同合作，才能夠做好組織行銷的事業。

因此，不可排斥你自認為有問題的人物，也許問題是出在自己身上也不一定。即使真的有問題人物存在，而他整日無心工作，東家長西家短也無所謂，因為久而久之，在沒利益與意義的情況下，這位「問題人物」自然會主動退出組織或被組織淘汰。

答 第110問

自己的組織被搶走（被搶線）

「寧可自己的線被搶，也不能去搶別人的線」，因為搶線是不道德的行為，給下游廠商最不好的示範，自己組織裡的下游廠商必然也會有樣學樣，很快的，組織便沒有了紀律，最終會造成組織鬆散和崩盤。最重要的是，自己很快就會喪失威信，領導力也會大大地降低。組織行銷是一種領導的事業，帶人需要帶心，若是下游廠商的心已不在你這裡，徒有一個名字是沒用的，反而應該自我檢討自己的領導風格，是否因為自己的疏忽，而造成組織流失。況且本產業並不是靠下游廠商賺錢，千萬不可因一時情緒化的行為而影響事業發展。再者，會被搶走的人，他在別的組織裡應該也很難生存。

搶線如同借錢做事業，自己不努力賺錢補缺口，指望借來的錢能維繫公司的生存，如此做事業怎麼可能會成功呢？如果有人不認同，明知故犯，日後自己的組織一定會面臨嚴重的崩解，最後終將自毀生路斷送此美好的事業前程。

答 第111問

上級指導言行不一，經常「說的」和「做的」都不一樣

組織行銷是「複製」的事業，複製成功的下游廠商越多，離成功越接近。因此，上級指導的言行舉止，做事的觀念、態度，都會成為下游廠商學習的榜樣，甚至模仿效尤。

如果你已經是領導人，帶領下游廠商學習時別忘了你的身份，從你過去教導他們列名單、如何分享、推薦、邀約、舉辦家庭聚會、參加教育訓練等各種經營理念和營業動作的作法，就已經開始形成讓下游廠商學習和複製的榜樣。所以身為上級指導領導者，一定要經常檢視自己的態度與行為，否則無法複製出優秀的下游廠商。

總而言之，如果你是優秀的上級指導，你想複製出一位和自己一樣的上級指導，就看你自己平日敬業態度的表現了。

若是自己的上級指導言行不一，我們就當作是一面鏡子，引以為鑑，自己千萬不可因任何與成功無關之理由，停滯了自己的事業。

答 第112問

自己學習尚可，教導別人總覺得很困難

假如你現在是別人的上級指導，以你現在的專業能力，還不能做「教導」下游廠商的動作，因為你教導得很困難，下游廠商會學得更困難；因為你的「教導困難」，會讓他們誤以為從事組織行銷是一項很困難的工作，嚴重的話，會影響到對方的企圖心。因此務必等你學會了專業技巧，能簡單、輕鬆地教導下游廠商，而下游廠商也能夠輕易學會時，再進行這個營業動作的執行。原則上都應該鼓勵向成功的上級指導學習，你只要做帶領的工作就可以了。

如果你目前的身份是新進的夥伴，你只能進行產品的分享，不能做推薦事業的營業動作，應由上級指導來教導你循序漸進的作業方法。

答 第113問 上級指導腳踏兩條船

一個人想同時從事兩份工作，在時間不衝突的狀況下，是可以接受的。但一個人同時要經營兩份組織行銷的事業，並且兩者都想要經營成功，那不只是困難而已，絕對是一項非常不智的作法。按照過去的經驗證明，那將會造成自己組織裡的成員，對於未來的發展方向無所適從，更無法安心工作。最後不僅兩家的事業都沒有辦法發展成功，個人的誠信也會遭受嚴重的傷害，日後想捲土重來，就很難再獲得親朋好友們的支持與諒解。

自己的上級指導也許還不能了解這個道理，應力勸他專心經營一份事業就好，並邀請成功的領袖指導員來協助處理。如果你的上級指導並不能夠調整過來，自己也絕不能受到影響，以免無謂地傷害自己的事業。

答 第114問

上級指導的口氣越來越驕傲，簡直難以相處

組織行銷是「上行下效」的事業，以謙虛的學習態度來成就傲人的事業。雖然有些夥伴身經百戰，經驗豐富，不過，當事業在往顛峰發展時，一樣也會出現一些瓶頸，這時有的夥伴能夠自我檢討，虛心求教，調整步伐，終於順利完成階段性的成就。

相反的，有些夥伴卻未能反省自己，造成先前的努力都前功盡棄。檢討其失敗的原因，幾乎都是「被短暫的成功沖昏了頭」所造成的，忘了剛開始那份「謙虛學習」的心，忘了當時的上級指導引導他成功的因素與辛勞。

所以，成員要能遵守組織行銷的精神，它可以幫助成功者永續經營。但對於驕傲不減的人，即使身處在輝煌燦爛的事業中，一樣也會遭受到失敗的命運，重新回

到事業起步的原點。當我們的上級指導正在度過這個階段時，我們要以耐心和不抱怨的態度來對待之。

答 第115問

每天煩惱下游廠商是否確實跟進

當我們把煩惱告訴了朋友，朋友會安慰你說：「不要想那麼多，暫時遠離煩惱去散散心吧！」這樣的作法，只是消極地把煩惱壓在心裡、只是排開而非斷絕煩惱，那份煩惱心隨時還是會再生起。真正有智慧者，能斷除煩惱，用心轉境，日後不再生煩心。

從事組織行銷產業更加不能隱藏煩惱與問題，必須透過教育訓練將煩惱心變成方法，然後以實際的行為確實的去關懷下游廠商，協助下游廠商解決各種問題，並且應當常保「快樂的心情做事業」，才符合為什麼從事組織行銷產業，能讓人「財富倍增、樂在其中」的道理。

答 第116問

上級指導只關心做得好的下游廠商

一位成功的領袖，會有強烈的責任心去關懷他組織裡所有的成員，並且能一視同仁地對待下游廠商，讓成員們彼此間沒有分別心。因此，對於事業進展不是很理想的成員，甚至會給予更多的鼓勵與協助。

通常會有下游廠商質疑上級指導的分別心時，問題大都是出現在上級指導正專注在某位成員努力發展的事業身上，而忽略了其他進度緩慢的成員，造成某位夥伴情緒上的反彈。

因此，身為上級指導者，除了對所有的成員沒有分別心之外，亦須規劃成員的發展進度，以及善用組織管理系統的運作，培養穩健的成員有獨立的營業能力，如此上級指導方能有更多的時間來照顧新人，及協助成員們一個個上軌道。

如果你不是上級指導正在加強的通路網，自己要夠努力地配合學習，力求進步和表現，上級指導沒有理由故意不理會，我們大家都在往成功的路上學習，只要讓上級指導明白自己也是有心要成功的人。最重要的是絕不能批評上級指導，更不能鬧情緒。

答 第117問

跟上級指導有代溝

如果經營者都能以正確的觀念、心態從業，營業步驟也都是按照專業的技巧與方法來經營，那就不會有代溝的問題產生。以經驗而言，會有代溝產生，大都是個人的個性、情緒所引起的結果，此時應透過更資深的上級指導作為橋樑來解決所有溝通不良的問題，如此便很容易解除彼此間所謂的代溝。

4-2 績效低落怎麼辦？提振士氣、留住夥伴有方法

答 第118問

上級指導能力不足，該如何配合？

不會有上級指導能力不足的問題，只有自己學習不夠，不認真經營，因而變的不專業，導致無法教導下游廠商正確營業方法的問題。抱怨上級指導能力不足，這不僅是不負責任的態度，也危害到想認真經營事業的下游廠商們。當有此現象發生

時，應該趕緊請教成功的上級指導領袖、組織講師來支援協助，並要求直屬上級指導一起進修學習，使得彼此間的專業能力更上一層樓。

答　第119問

下游廠商很懶惰，是不是應該放棄他？

人本來就容易偷懶，好逸惡勞乃人之天性，下游廠商偷懶，這是正常的。然而，最怕的是你沒有給他「不懶惰」的動機。組織行銷不會主動放棄任何一位成員，除非是成員自己放棄自己。身為上級指導更沒有放棄下游廠商的道理，除了鼓勵他之外，應以找出讓他努力的動機為首要。

答 第120問

下游廠商變得越來越沒有衝勁

下游廠商遇到挫折後變得沒有衝勁，此時上級指導要替下游廠商打氣，並且要安撫他的情緒，認真傾聽他所遇到的困難，並設法解決。但絕對不要畫大餅，暫時幫他訂定比較容易實現的目標，務必以身作則實際操作示範，做出一些成功的例子給下游廠商參考，這樣便可加強他的自信心，恢復原來的事業衝勁。

再者，下游廠商受挫折沒有衝勁的這段時期，上級指導務必經常打電話給下游廠商鼓勵、溝通，多介紹幾位成功者讓他認識，千萬不要讓他再受到悲觀者的影響而心生放棄的念頭。人都是需要激勵和充電的，只要把握讓下游廠商經常與電力充足的人和熱誠的場合接觸，絕對是最有效的方法。

答 第121問

下游廠商成長緩慢，如何是好？

下游廠商成長緩慢的原因，其中最讓人遺憾的大多是：由於上級指導錯誤的領導所造成的。如何讓新進人員能快速上線運作，使自己的組織網能順利擴張開來，這是維持事業穩定發展的重要步驟。然而，下游廠商能否有效應用經營技巧，避免方法操作不正確，造成其提早陣亡的遺憾，這都是必須仰賴上級指導平日的教導，以及傳授他們如何開始發動事業。上級指導應為下游廠商設定階段性的目標與行動步驟，俾使能在最短的時間內能跟上運作的腳步。

最重要是：一開始就必須讓成員先做好「被拒絕」的心理準備，了解「受挫折的案例」應視為成功的經驗，並隨時與下游廠商保持密切的聯繫，不斷地給予足夠的信心與鼓勵。如此一來，一但發現下游廠商成長緩慢下來，就能夠立即進行溝通、檢視、改進、發動和再成長。

答 第122問

如何避免夥伴情緒低落時影響其他夥伴？

情緒低落的原因很多，私人問題與工作問題要分開來處理。事業經營不順，遇到挫折，情緒會低落是正常的。而以安慰、鼓勵所發揮的效果只是暫時的，要找到成因，面對問題，幫他解決困難才是根本之道。並且不需要害怕問題會產生負面影響，正大光明、誠實地面對，反而有助於事件的處理。問題解決之後，夥伴的情緒就不會低落，自然就不會影響到其他成員。

答 第123問

夥伴很努力學習課程，但營業動作都做錯

邊學、邊做、邊教，初期當然無法執行出正確且完美的營業動作，但從錯誤中獲得寶貴的經驗才是經營者所需要的。然而，很認真學習之後還是一樣做錯動作，那麼問題可能不在方法與技巧，而是營業動作生疏、經驗不足，加上自己的想法摻雜其中。這種情況下，上場之前多揣摩、思維是很重要的。

或者是，上級指導沒有做好跟進、引導下游廠商營業流程的系統性。最怕是夥伴學歸學，還是無法參透組織行銷的真諦，而以傳統的觀念、自己的想法、行為來經營，那當然無論怎麼學做了還是錯！

答 第124問

如何拿捏保護下游廠商又不覺得管太多？

基本上，上級指導、下游廠商存在的關係應只在於事業經營這部分，除非是會影響個人及團隊事業的私人行為，否則上級指導是不應該干涉下游廠商的私人生活的。因此，當需要下游廠商認同事業與生活有密切關係的時候，這時雙方要以「溝通」方式求得共識，而不是以用「管」的方式來互動。會懂得管理事業，也要懂得上級指導、下游廠商相處之道。最重要的是，要讓對方了解你所「管」的因素與「被管」後的結果。相對的，若是「被管」能讓對方得到所希望的，相信下游廠商會樂於「被管成功」。所以，不是拿捏的問題，而是「需不需要」與「應不應該」的觀念和溝通。

第125問

面對下游廠商已有數月沒有業績進帳，如何應對鼓勵？

答

沒賺到錢，若只是一味鼓勵下游廠商堅持下去，結果還是會「堅持賺不到錢」。嚴重的話，連朋友都沒得做，因此絕對不可忽視這個問題。下游廠商沒有進帳，不能只是用鼓勵的方式來處理，要找出根源問題，並且解決，幫他賺到錢最為重要，這也是組織行銷最基本的經營課題。

答 第126問

如何使夥伴覺得組織行銷很有趣？

本來組織行銷就是講求自由自在、利人利己、生活愉快的事業，能夠讓朋友體會這份事業的樂趣當然是很重要的。掌握企管（掌握成功管理學院）定期舉辦生活講座，以及各項大型的活動，皆有益於個人身心靈的健康及家庭的和諧。而經營者邀請親朋好友來參與活動，不是覺得有樂趣就好，在享受這樂趣之餘，同時又能夠成就自己的事業，得到財富的自由，這樣的工作方式與生活結合，便是組織行銷應有的經營文化之一。

答 第127問

夥伴觀念不正確，始終以自己的觀念在經營

組織行銷就是不需要絞盡腦汁、想盡辦法來做事業，反而是想法越單純、作法越簡單，按照成功者的經驗方式去作業，就越容易成就組織事業。因此，要讓夥伴了解「想不想早一點成功」才是改變他觀念不正確的重點。做給他看，讓他知道採用成功者的觀念來經營，比用自己的方法來得容易成功的事實，那夥伴自然不會再自以為是，不再用自己錯誤的方法來經營事業。

4-3 帶領多元團隊：對症下藥、因材施教，打造戰鬥力

第128問 夥伴是長輩，想經營但卻不願意配合，該如何協助？

答

平時我們對長輩必須真心尊敬他，但在事業方面要讓長輩明白「隔行如隔山」的道理。在這個產業你比較資深，懂得作業有一定的正確步驟，要求長輩配合經

營，這完全是為了幫助他早一點成就事業，和個人的年齡大小無關，方法是請上級指導領導協助說明，如果操作得當，相信長輩也一定會樂於接受你的說法。

答 第129問

夥伴被發動，但一遇到問題，卻又退縮，該如何協助？

遇到問題，有人會勇於面對，有人會退縮，這都是正常的反應。除了信心的建立之外，主要原因與個人的個性和專業不足有關。一位還不是很專業的經營者，個性若是積極，遇到挫折，還是會面對問題克服困難。若是個性較不堅定，專業度又不足，那遇到挫折後，可能會立即退縮，這時請上級指導協助跟進是很重要的。

因此「發動」固然重要，專業、經驗更為重要。所以，評估下游廠商的專業能力，以及會因發動後可能面對的問題，若能事先預知並教導他，即所謂的「如何避免挫折、加強挫折的免疫力」，這是上級指導最不可忽視的教、做步驟。

答　第130問

夥伴不願意來學習課程，只會請A去講客戶

這很正常！能請人幫忙賺錢當然是很聰明的作法，而且剛開始就是需要上級指導幫忙締結。然而這個問題的重點是，夥伴如果真的有心要做事業，想贏得一生的尊榮與富貴，那麼他就必須主動充實自己的專業知識，並配合專業的體系運作，才有能力幫助自己的下游廠商成就事業，以及發展出個人的組織體系，而要獲得這份能力，「每會必到、虛心學習」是唯一的路。

答 第131問

夥伴害怕發產品與跟進

表面上是沒把握、沒勇氣，實際上有可能還沒有很了解、認同這個產業。所以，上級指導跟進重點不是要求「發產品」，而是強化「作業與產業」的信心。不過，一個人在做「對」的事情時，雖然缺乏信心，但這時候勉強去做了，反而會順利無礙。

第132問 答

夥伴不喜歡跟進上級指導，覺得很麻煩

經營者的心態，若是沒有「很想快一點成功」的想法，不論是下游廠商跟進上級指導，或上級指導跟進下游廠商，雙方都會覺得麻煩。老師上課，好學的學生會不斷跟進學習，不懂就會立即問清楚。無心上課的學生，心都在室外，兩方面的互動是對立的。

老師希望教出狀元學生，學生希望金榜題名，這樣的跟進才會有良性的發展。因此，「跟進」的道理在於成長，不喜歡或嫌麻煩，都是「決心不夠」的表現。

要知道跟進上級指導絕對比跟進下游廠商重要，然而當我們的下游廠商還不習慣跟進上級指導時，還是應主動與他保持聯絡，使他習慣於與自己溝通。

答 第133問

夥伴口口聲聲說想幫助人，但行為卻背道而馳

那就是言行不一！如果指的是經營組織行銷事業這件事，那成就也會背道而馳，不會成功。如何改進？幫助他人的事「現在就去做」！

答 第134問

如何加強夥伴的「時間觀念」，不遲到不就是天龍八不之一？

由於組織行銷是自己當老闆的工作，不必打卡上、下班，不過，不論是上班族上、下班或與朋友約會都應該守時，否則會影響個人的品格與誠信，尤其是經營組織行銷事業，講求的是複製模式，複製正確的動作事業才會成功，若是複製「遲到」那麼沒有人會有成就。因此，自己先守時做給下游廠商看，再請組織領導要求所有成員都必須做到守時，否則組織很難建立起來。

答 第135問

如何協助下游廠商找出對的人堅持？

原則上，上級指導是不能判斷哪位下游廠商有沒有可能性、有沒有能力經營事業，而是要先問我們自己有沒有關心他們、有沒有用心教，從他們的需要上來幫助他們，並不是用選擇來分別取捨自己認為對的人。如果說為了配合業務發展，必須先找出對的人來堅持，那麼，一直在做錯，但他一直還在做，這樣的下游廠商為其一選取的對象；其二、是一直在認真學，但一直沒在做；其三、停停做做，也不知道自己犯什麼錯。當然最應該堅持協助的人就是：主動積極於事業的人。

答 第136問

夥伴不愛講真話，和他溝通產生問題

如果這位夥伴還有心做事業，並且認真在經營，那有可能你「不懂得他的心」，問題也有可能是他覺得你無法影響他的想法、沒有能力協助他作業，或者你的處事方式他不以為然，如此一來，有些夥伴就可能不願意說出心裡話，經常是隨口敷衍你，讓你覺得和他溝通產生問題。

如果這位夥伴一直不認真經營，那了解他不愛說真話的動機比氣他說謊來得重要多了。「溝通」和「說謊」是兩回事，真心溝通，容易讓人說真話；相對的，以說謊來溝通事情，當然會無效，事業也會跟著停頓。然而，若有心解決這個問題，那找上級指導協助，是個良方。

答 第137問

學習一段時間仍無顯著成績的人，如何維持興奮？

學習一段時間仍無顯著成績、毅力不夠堅定的人，不但無法興奮還會有放棄的念頭。這種情況下，如果努力的環境沒有改變，一切的理想、願景和剛開始一樣也都沒有改變，能實現的條件也沒改變，那完成夢想的心即是維持興奮的要件。這時除了鼓勵、穩定他的情緒之外，請領導一起了解問題的癥結是絕對必要的，否則「努力無法獲得成果」的情況下，時間拖越久越會失去興奮的動力。立即請上級指導處理，用行動解決問題。

答 第138問

夥伴有自己的想法，自己選活動參加，又喜歡自作主張

「每會必到，必定成功」的道理，是指任何一個聚會都有著不同的內容與經驗，值得大家來學習，能夠全數參與者，自然學得完整、學得比別人多，成功比別人快。而夥伴自己選擇要參加的活動，當然有他的想法和考量，這沒有對錯的問題，只是必須了解「團隊」活動的參與，若是能帶給大家利益與幫助，那麼個人的想法與行為就應該以團隊為重，才不會影響自己和整個團隊組織的發展。這個道理也許推薦人較無法與自己的朋友溝通，請資深的團隊領導人來協助溝通較佳。

答 第139問

如何辦好一場家庭聚會

主辦者要有充裕的時間籌備，包括決定場地、參與人數、活動內容、點心飲料、器材設備與展示資料……等事項都應準備齊全。並且主要相關人員當天都應提早二十分鐘到達，才不會造成人等人的窘況，影響活動的進行。

活動的「會前會」，成員要充分討論整個流程的進行是否能順暢，能否收到所預期的效果。而「會後會」的檢討，更要虛心檢討確實改進，讓下次的活動辦的更順利。

辦好一場「家庭聚會」關鍵在流程的細節，在教育訓練課程裡都有詳細的說明，因此，夥伴上課時務必用心學習「如何辦好一場家庭聚會」，它對個人和所屬組織的發展有著莫大的助益。

答 第140問

表揚會有何重要性？

每個人都希望自己被別人肯定，表揚和讚美是最有效的方式之一。新經銷商在努力事業的過程中，特別需要鼓勵與事實的讚美，能夠激勵他更加積極往好的方面發展，當目標達到時，這時就要給予更具體的獎勵與表揚。

再者，每一場的表揚大會不是為了某個人而辦，是為了在場全體經銷商和所有的夥伴而辦的。因為，夥伴們一起在表揚會場分享彼此的榮耀，而這份榮耀即是夥伴們共同的選擇，一起決心投入於組織行銷事業，為彼此的未來夢想而打拚，透過表揚會來肯定、鼓勵彼此所努力的成果，而且對某些人來說，很可能是他一生中最值得表揚的行為表現。

晉升高手的教育與進修

第 5 篇

答 第141問

如何在六個月內收入三十萬以上？

即使從當下才想認真經營，至少都還有機會實現月入三十萬的理想，對組織行銷這個產業來說並不誇大。經營者只要一直在做對的動作，作業量一旦暴增，在「倍增學」的加持下，成功者大有人在。因此，「如何實現」和「付出多少」是相對的。對組織行銷而言，沒有不可能的事，只看你願不願意、相不相信，若是不願意或不相信，就不會下定決心去做，在目標設定的日子尚未到來之前，可能早已經放棄了。

答 第142問

如何成為一位傑出的領導者？

肯負責任、有誠信、有愛心、正直、勇於改進和改變者，就會成為一位傑出的好領袖。總之，多學習，每會必到，多為團隊服務，多關懷身邊的人，把自己做到最好，就是出色的領袖，因為每個人與生俱來都是特別的。

答　第 143 問

提升自己的能力有哪些方法？

不要用自己的方法學習，要學習成功者的方法；不要以自己的想法做事，要以成功者的觀念做事；宰相肚子能撐船，凡事包容；不要自恃自己的經驗，要懂得反省自己；改變自己不願改變的態度，能力自然會快速提升；不論成就如何，繼續不斷地學習，永保經營事業充沛的能量。

答 第144問 參加OPP說明會的必要性

難得一件讓人有機會不必投資大筆資金就能創業致富的商機，若是以一對一的方式解說，很難讓新人掌握它的前景與未來性，而透過大型OPP說明會的傳訊效果，較能詳盡闡述商機的精華與重要性。尤其，對於很想創業的人，能快速掌握到通路的經營脈絡，比較不至於因為對商機的一知半解，而失去了一次創業致富的機會。

若已經是經營者，可藉由說明會來獲得更多、更新的商業訊息。成員們並可透過說明會相互交流，分享彼此的寶貴經驗，並且運用說明會的功能，協助新進的夥伴發展事業，進而不斷地擴增自己組織裡的生力軍。因此，定期或經常參與說明會，絕對是非常重要的成功步驟。

答 第145問

參加NDO的必要性

新經銷商基本訓練NDO（New Distributor Orientation）是一位新人進入組織行銷產業的必修課程；是一種基本功夫，基本專業知識，又稱為B訓。想要成為一位成功的通路發展事業家，必須要按部就班，從最基礎的課程NDO開始研習。

答 第146問

參加A訓的必要性

A訓（A-Training）是學習開始作為一位經營顧問師的第一步。

A是Advisor（顧問）的縮寫。A訓是讓你這位通路經營者，學習如何講解一場成功的OPP說明會。實際上，本產業中每位成功的經營者，大多數的時間都在擔任「A」的角色，而要作為一位成功的A，便要知道如何詮釋這個加盟連鎖的企業體。

因此，A訓是一位經營者最基本的訓練，並且應該要不斷重覆地陪同下游廠商進修學習。

答 第147問

參加領袖訓的必要性

領袖訓練班（Leader Training）。Network Marketing稱做組織行銷學，這個組織銷售業，是一種透過組織運作而達到無形銷售的事業體，因此，每位經銷商藉由組織中的學習成長，自然而然成為一位領導者。有的在形式上是領導者（以組織的自然形成），然而作為高階領袖，在本產業是有其專業領域和經營方法，才能成功地擴大其經營網的通路版圖。

簡單來說，本產業在經營面的最後，便是造就任何一位平凡人都可成為領袖人物。那麼，領袖訓練班就是縮短每個通路事業主，在經營上不需浪費太多時間在摸索，而可快速掌握經營技巧所設的課程。

答 第148問

參加講師訓的必要性

講師訓（Speaker Training）。組織銷售產業在台灣歷史並不長，發展也尚未很成熟，因此其市場潛力無可限量，再加上台灣人口密集，如果一位經營者能夠具備講課能力，將可幫助更多的人，在這個偉大又利益大眾的事業獲得成功。當然講師本人，最後一樣會獲得高額的利益。

因此，講師訓是要培養一位能夠成就別人，又能夠成就自己的領袖級人物。本講師訓不同於一般的演講訓練，是要從講解公開的商機說明會中，成為未來的百萬明日之星。

答　第149問

參加訓練師訓練的必要性

訓練師訓練（Trainer Training）。訓練師是組織中的精神領袖，是在組織行銷中所有成功者必須扮演的最終角色。訓練師是來教導一位新人，從邀約到完成該要執行哪些動作，也就是對於新經銷商的經營程序，不但瞭若指掌還要能夠傳授功夫，落實學、做、教、傳四字訣的領導法則。並設有進階課程，讓有志於成為組織行銷業高手的人，同時也能幫助別人成為行銷高手！

答 第150問

設立服務中心的必要性

服務中心負責人研習營（Service Centre Course）。在組織行銷產業中，服務的範圍和速度越快，所達到的成功效率和累積財富的速率，當然就相對地提高。因此，凡是想要服務更多經銷商夥伴的領袖，不妨成立一個會員服務中心，那會使得自己更能掌握自己的經銷網，成為一位專業又熱忱的組織行銷高手。

國家圖書館出版品預行編目 (CIP) 資料

組織行銷實戰全攻略：從新手到團隊領袖的 150 個行動關鍵 / 王絹閔著 . -- 初版 . -- 臺北市：商周出版：英屬蓋曼群島商家庭傳媒股份有限公司城邦分公司發行，民 114.6 面；　公分（新商業周刊叢書：BW0870）

ISBN 978-626-390-563-4（平裝）

1.CST: 銷售　2.CST: 職場成功法

496.5　　114006785

新商業周刊叢書　BW0870

組織行銷實戰全攻略

作　　　者／王絹閔
責 任 編 輯／陳冠豪
版　　　權／吳亭儀、江欣瑜、顏慧儀、游晨瑋
行 銷 業 務／周佑潔、林秀津、林詩富、吳淑華、吳藝佳

總　編　輯／陳美靜
總　經　理／賈俊國
事業群總經理／黃淑貞
發　行　人／何飛鵬
法 律 顧 問／元禾法律事務所　王子文律師
出　　　版／商周出版　臺北市南港區昆陽街 16 號 4 樓
電話：(02)2500-7008　傳真：(02)2500-7759
E-mail：bwp.service@cite.com.tw
Blog：http://bwp25007008.pixnet.net/blog
發　　　行／英屬蓋曼群島商家庭傳媒股份有限公司城邦分公司
台北市南港區昆陽街 16 號 8 樓
書虫客服服務專線：(02)2500-7718・(02)2500-7719
24 小時傳真服務：(02)2500-1990・(02)2500-1991
服務時間：週一至週五 09:30-12:00・13:30-17L00
郵撥帳號：19863813　戶名：書虫股份有限公司
讀者服務信箱：service@readingclub.com.tw
歡迎光臨城邦讀書花園　網址：www.cite.com.tw

香港發行所／城邦（香港）出版集團有限公司
香港九龍九龍城土瓜灣道 86 號順聯工業大廈 6 樓 A 室
電話：(825)2508-6231　傳真：(852)2578-9337
E-mail：hkcite@biznetvigator.com
馬新發行所／城邦（馬新）出版集團【Cité (M) Sdn Bhd】
41, Jalan Radin Anum, Bandar Baru Sri Petaling,
57000 Kuala Lumpur, Malaysia.
電話：(603)9056-3833　傳真：(603)9057-6622　email: services@cite.my

封 面 設 計／兒日設計　　　內文排版／李信慧
印　　　刷／鴻霖印刷傳媒股份有限公司
經　銷　商／聯合發行股份有限公司　電話：(02)2917-8022　傳真：(02) 2911-0053
地址：新北市 231 新店區寶橋路 235 巷 6 弄 6 號 2 樓

2025 年（民 114 年）6 月初版

城邦讀書花園
www.cite.com.tw

定價／400 元（紙本）　300 元（EPUB）
ISBN：978-626-390-563-4（紙本）
ISBN：978-626-390-564-1（EPUB）